广东科学技术学术专著项目资金资助出版

水产品产业链中真菌毒素的危害与控制

王雅玲　房志家　孙力军　著

科学出版社
北京

内 容 简 介

本书主要阐述了水产品中真菌毒素的危害及其控制的快速发展情况和最新成果,特别是真菌毒素对水产动物的危害及其在水产品中残留物的痕量检测技术和食品安全危害控制技术的有机结合,具有较好的新颖性和启发性。全书共分11章,第1~9章在简述水产品产业链构成的基础上,主要从生产性能、病理组织变化、肌肉品质、防御系统、分子毒性特征、代谢动力学特征的角度,系统阐述了该产业链中常见真菌毒素的危害特征;第10、11章在水产品真菌毒素痕量检测技术的基础上,介绍了水产品中真菌毒素残留的危害案例及食品安全性评估分析,以及水产品中真菌毒素危害的源头控制技术、加工环节控制技术和成品控制技术。

本书可供食品科学、食品毒理学、食品安全学等相关领域的科研人员使用,也可作为高校相关专业师生的参考用书。

图书在版编目(CIP)数据

水产品产业链中真菌毒素的危害与控制/王雅玲,房志家,孙力军著. —北京:科学出版社,2019.3
ISBN 978-7-03-060685-3

Ⅰ.①水… Ⅱ.①王… ②房… ③孙… Ⅲ.①水产品－真菌毒素－研究 Ⅳ.①TS254.7

中国版本图书馆 CIP 数据核字(2019)第 039548 号

责任编辑:郭勇斌 彭婧煜 欧晓娟/责任校对:邹慧卿
责任印制:张 伟/封面设计:刘云天

科学出版社 出版
北京东黄城根北街16号
邮政编码:100717
http://www.sciencep.com

北京中石油彩色印刷有限责任公司 印刷
科学出版社发行 各地新华书店经销
*

2019年3月第 一 版 开本:787×1092 1/16
2020年1月第二次印刷 印张:11 1/2
字数:220 000

定价:78.00元
(如有印装质量问题,我社负责调换)

前　言

　　1960 年美国虹鳟鱼场暴发恶性肝细胞瘤流行病事件，引起研究者对水产动物中真菌毒素危害的极大关注。近日欧洲食品安全局（European Food Safety Authority，EFSA）还就食品与饲料中真菌毒素对人畜的健康风险发布了科学意见。从 20 世纪 80 年代的斑点叉尾鮰肌肉中发现真菌毒素残留的事件，到近年来市售牛奶中黄曲霉毒素超标的风波，一次次将动物产品中真菌毒素残留的问题推到食品安全的风口浪尖，探明肉制品中真菌毒素的残留风险迫在眉睫。因此，在水产品产业链中实施真菌毒素残留风险隐患分析和安全性评估刻不容缓。水产品中真菌毒素的残留问题已经引起相关部门高度关注，凸显深入研究水产品中真菌毒素的重要性和必要性。

　　真菌毒素作为一种自然发生的生物毒素，具有极强的毒性，其化学性质十分稳定，在烹饪加工过程中难以被破坏，同时具有致癌、致畸和致突变的遗传毒性及免疫毒性等。常见真菌毒素包括由曲霉菌（*Aspergillus* spp.）和镰孢菌（*Fusarium* spp.）产生的黄曲霉毒素（Aflatoxins，AFT）、赭曲霉毒素（Ochratoxin，OT）、T-2 毒素（T-2）和呕吐毒素（Vomitoxin，DON）等。这些真菌毒素不仅广泛存在养殖环境中，而且还经常存在饲料中。百奥明（Biomin）公司的亚洲调查报告表明我国饲料中真菌毒素污染严重，尤其是作为凡纳滨对虾主产地的沿海地区，其饲料中真菌毒素含量极显著地高于内陆。伴随着我国凡纳滨对虾养殖业的不断扩大，其养殖规模已远超其他品种的对虾，采用相对廉价的植物蛋白源取代动物蛋白源已成为水产饲料生产的趋势，而研究发现植物蛋白饲料中的真菌毒素污染程度比其他饲料高，这说明水产饲料正面临着真菌毒素污染的巨大风险。

　　本书的研究前期以水产饲料中的 T-2 毒素污染为典型代表，研究了 T-2 毒素对凡纳滨对虾的危害及其残留规律和危害控制等，系统地探明了对虾养殖源头 T-2 毒素等真菌毒素的发生规律和暴露风险，对虾及罗非鱼中 T-2 毒素等真菌毒素的代谢动力学特征、蓄积毒性特征及其残留引发的食品安全性风险，采用降解微生物、内源解毒酶和电子束辐照技术，从水产品原料控制到加工过程，构建连锁式常见真菌毒素控制与消除技术体系，结合高灵敏液质联用（LC-MS/MS）检测等多种毒素同步检测技术，评价降解效应，优化降解参数且制定运行方案并实施。随着近年来国内外有关水产品产业链中真菌毒素的研究不断深入，作者根据自己多年的研究经验，并汇集国内外有关研究成果撰写了本书，以期能有助于相关领域的研究人员系统了解水产品产业链中真菌毒素危害的发生、发展的原理及规律,同时推动我国有关动物源性食品的真菌毒素残留限量标准的制定和出台,确保水产品的安全。

本书内容丰富且具有较强的系统性。书中从水产养殖产业链、水产品加工产业链、水产品冷藏产业链和水产品供应产业链角度概述了水产品产业链的构成及在该产业链中的常见真菌毒素危害特征;从养殖源头、养殖环境和加工储藏过程中分析了真菌毒素污染水产品的途径和种类;从摄食率和转化率、生长速率、肝重比、肥满度和存活率角度阐明真菌毒素对水产动物生产性能的影响;从肌肉组织、消化系统和肝脏等解毒器官的病理变化阐明真菌毒素对水产动物的病理组织学损伤;从食用品质、营养品质、技术品质、安全性品质和人为风险角度阐明真菌毒素对水产品肌肉品质的影响;从抗氧化酶系统、非特异性免疫系统、特异性免疫系统及功能酶活力等角度系统阐明真菌毒素对水产动物防御系统的影响;利用蛋白免疫组化等分子生物学技术,从肌肉蛋白分子标记、DNA 损伤和代谢酶基因表达等角度阐述水产动物中真菌毒素的分子毒性特征;在介绍不同水产动物中真菌毒素的 LD_{50} 的基础上,从吸收、分布、代谢及蓄积毒性特征角度阐述水产动物中真菌毒素的代谢动力学特征;建立了水产品中真菌毒素及其隐蔽型的 LC-MS/MS、ELISA 等痕量检测技术;介绍了水产品中真菌毒素残留的危害案例并对食品安全性评估进行分析,主要包括对虾中 T-2 毒素残留对小鼠的遗传毒性、T-2 毒素和隐蔽态 T-2 毒素对小鼠 RAW264.7 细胞中 JAK/STAT 信号通路的影响,以及对虾中常见真菌毒素残留风险隐患与安全性评估;最后从物理吸附脱毒控制技术、防霉剂控制技术、营养强化控制技术、微生物分解控制技术、辐照降解技术等角度介绍了水产品中真菌毒素危害的源头控制技术、加工环节控制技术和成品控制技术。本书可供食品科学、食品毒理学、食品安全学等相关领域的科研人员使用,也可作为相关专业的师生参考工具书。

本书在编写过程中得到了广东海洋大学食品科技学院的领导和诸位同仁的热情帮助,特别是吉宏武、孙力军教授提出了很多建设性意见,硕士研究生施琦、代喆、张春辉、梁光明、邱妹、王雅沛、吴朝金、吕鹏莉、宁守强、邓义佳等为本书数据收集提供了帮助。教育部高等学校食品与营养科学教学指导委员会委员、中国食品科学技术学会理事、中国水产学会水产品加工与综合利用专业委员会副主任委员、广东省水产学会理事、水产品加工专业委员会主任委员、广东省食品学会副理事长、海洋食品专业委员会主任委员、广东省农业科技发展战略研究专家、广东海洋大学副校长章超桦教授给予了高度评价并提出许多指导性意见,在此一并表示衷心的感谢。书中难免存在疏漏之处,还望读者给予批评指正。

作 者

2018 年 10 月于广东海洋大学

目　录

前言
第1章　水产品产业链的构成 ... 1
1.1　水产养殖产业链 ... 2
1.2　水产品加工产业链 ... 6
1.3　水产品冷藏产业链 ... 7
1.4　水产品供应产业链 ... 8
参考文献 ... 9
第2章　水产养殖产业链中常见真菌毒素的种类及性质 ... 11
2.1　真菌毒素 ... 11
2.2　T-2毒素 ... 12
2.3　黄曲霉毒素 ... 13
2.4　呕吐毒素 ... 14
2.5　赭曲霉毒素 ... 14
参考文献 ... 15
第3章　水产食品链中真菌毒素污染概况 ... 17
3.1　水产养殖环境中镰孢菌的污染 ... 17
3.2　水产饲料中真菌毒素的污染调查 ... 20
3.3　水产加工储藏过程中的真菌及真菌毒素的污染 ... 23
参考文献 ... 25
第4章　真菌毒素对水产动物生产性能的影响 ... 26
4.1　真菌毒素对水产动物的摄食率和转化率的影响 ... 26
4.2　真菌毒素对水产动物生长速率的影响 ... 27
4.3　真菌毒素对水产动物肝重比和肥满度的影响 ... 28
4.4　真菌毒素对水产动物存活率的影响 ... 29
参考文献 ... 29
第5章　真菌毒素对水产动物的病理组织学损伤 ... 31
5.1　肌肉组织 ... 32
5.2　消化系统 ... 37
5.3　肝脏等解毒器官 ... 40
参考文献 ... 44
第6章　真菌毒素对水产动物的肌肉品质的影响 ... 46
6.1　T-2毒素对对虾食用品质的影响 ... 46
6.2　T-2毒素对对虾营养品质的影响 ... 51
6.3　技术品质 ... 59

    6.4 安全性品质 ·· 60
    6.5 人为风险 ·· 66
    参考文献 ·· 66

第 7 章　真菌毒素对水产动物的防御系统损伤 ··· 68
    7.1 抗氧化酶系统损伤 ·· 68
    7.2 非特异性免疫系统损伤 ·· 71
    7.3 特异性免疫系统损伤 ·· 76
    7.4 对功能酶活力的影响 ·· 77
    参考文献 ·· 79

第 8 章　水产动物中真菌毒素的分子毒性特征 ··· 81
    8.1 蛋白质组学解析真菌毒素对肌肉分子标记蛋白的表达差异 ·············· 81
    8.2 真菌毒素引起的水产动物 DNA 损伤 ··· 85
    8.3 关键抗氧化酶基因的损伤 ·· 86
    8.4 关键酶活力变化 ·· 86
    8.5 T-2 毒素对对虾肌肉谷胱甘肽硫转移酶基因表达的影响 ···················· 90
    参考文献 ·· 91

第 9 章　水产动物中真菌毒素的代谢动力学特征 ······································· 92
    9.1 不同水产动物中真菌毒素的中毒剂量 ·· 92
    9.2 吸收与分布 ·· 94
    9.3 代谢 ·· 96
    9.4 蓄积毒性特征——对虾对 T-2 毒素的耐受性及蓄积强弱 ················· 110
    参考文献 ·· 112

第 10 章　水产品中 T-2 毒素残留的危害、食品安全性评估及检测技术 ··········· 113
    10.1 对虾中 T-2 毒素残留对小鼠的遗传毒性 ·· 113
    10.2 对虾中隐蔽态 T-2 毒素对小鼠的毒性效应分析 ······························· 116
    10.3 T-2 毒素和隐蔽态 T-2 毒素对小鼠 RAW264.7 细胞中 JAK/STAT
          信号通路的影响 ·· 125
    10.4 对虾中常见真菌毒素残留风险隐患与安全性评估 ··························· 133
    10.5 水产品中真菌毒素及其隐蔽型的痕量检测技术 ······························ 134
    参考文献 ·· 139

第 11 章　水产品中真菌毒素危害的控制 ··· 140
    11.1 物理吸附脱毒控制技术 ·· 140
    11.2 防霉剂控制技术 ·· 140
    11.3 真菌毒素对水产品的影响 ·· 142
    11.4 营养强化控制技术 ·· 171
    11.5 微生物分解控制技术 ·· 171
    11.6 辐照降解技术 ·· 174
    11.7 其他控制技术 ·· 175
    参考文献 ·· 175

第1章　水产品产业链的构成

随着经济的发展,城乡居民的经济收入普遍增加,生活水平和生活质量显著提高,消费观念不断更新,饮食结构发生了很大的变化,饮食的营养健康已日益成为消费者关注的重点(刘美清,2012)。在副食品消费方面,水产品越来越受到大家的喜爱(李同月和陈蓝荪,2000)。由于水产品富含钙、磷及蛋白质,其脂肪含量仅为肉类的1/6,水产品在副食品市场所占比重日益提高。伴随着现代都市生活节奏的加快,生活质量的提高,人们对方便快捷、安全卫生、鲜美价廉、易于烹饪的初加工、深加工的水产品的需求不断提高。从市场到家庭,水产品的冰鲜、冷藏形成一条从生产—加工—运销—消费的完整水产品产业链,为水产品加工业发展,市场开拓提供广阔发展空间(李同月和陈蓝荪,2000)。产业链(industry chain)狭义是指从原材料到终端产品制造的各生产部门的完整链条,主要面向具体生产制造环节;广义则是指在面向生产的狭义产业链的基础上尽可能地向上下游拓展延伸。产业链向上游延伸使产业链渗透到基础产业环节和技术研发环节,向下游拓展则融入市场拓展环节(郭立,2013)。产业链的实质就是不同产业的企业之间的关联,而这种关联的实质则是各产业中企业之间的供给与需求的关系(李心芹等,2004)。全产业链的概念强调从原料开始一直延伸到消费端。当前经济领域的竞争不再是单个产品之间的竞争,而是产业链与产业链之间的竞争。水产品竞争后面的产业链竞争才是决定水产品企业未来成败的关键(王化峰,2011)。未来水产品企业之间的竞争,必将是产业链的竞争(余佳胜和陈晓辉,2007)。一是以饲料的竞争力去影响养殖环节,二是以食品终端的竞争力去影响整个食品环节。水产品全产业链是指包括种苗、淡水及海水捕捞和养殖、水产生物工程、运输、冷冻冷藏、储运保鲜、零售批发等在内的全产业链。全产业链模式可以最大程度解决食品安全问题,其涉及养殖产业链、加工产业链、冷藏产业链、供应产业链等(高嵩,2011)。

全产业链的理念为打造"从养殖到餐桌全产业链水产食品企业"的新战略指出方向。然而,随着水产行业的食品安全问题日益突出,国内外市场都对水产品的安全性提出了更高的要求。虽然贴近终端市场的水产品加工企业已经意识到这一问题,但水产品的安全问题不仅是加工和销售环节造成的,更多的是在产业链上游的养殖环节(溪川和孝平,2004)。因此,如何控制产业源头,提升水产品的安全水平,就成了当前水产品加工企业当务之急。目前,随着我国水产品全产业链的发展,水产品全产业链已经涵盖了水产养殖产业链、水产品加工产业链、水产品冷藏产业链、水产品供应产业链等。

1.1 水产养殖产业链

1.1.1 我国水产饲料年产量发展趋势

根据 2010~2017 年全国畜牧总站发布的我国饲料生产形势报告中的数据，分析我国近 8 年来总饲料和水产饲料年产量走势（图 1-1）。结果表明，从 2013 年起，全国饲料总产量开始呈下降的趋势，说明中国养殖行业自 2013 年起出现产业结构调整和改变，这反映出我国对饲料产业的结构性改革。其中，水产饲料的年产量在 8 年内有比较大的增长，从 2010 年的 405 万 t 升至 2017 年的 543 万 t，而水产饲料产量占饲料总产量的比例从 2010 年的 11.1%上升至 2017 年的 18.8%，说明我国养殖户加大了水产养殖力度，以满足中国膳食结构以水产品替代畜牧肉制品，从陆生动物蛋白向水产动物蛋白的变迁过程。这一结论与岳冬冬等报道的中国膳食结构的变化规律相一致（岳冬冬等，2018）。

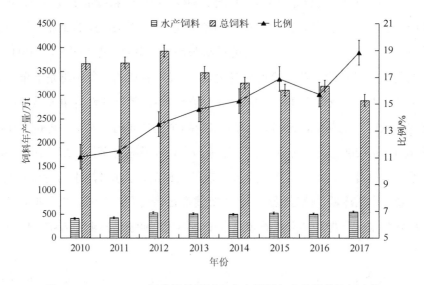

图 1-1 2010~2017 年我国总饲料和水产饲料年产量及其比例走势

1.1.2 我国水产饲料产量的季节性变化规律

根据 2010~2017 年全国畜牧总站发布的我国饲料生产形势报告中的数据，水产饲料的产量均在每年年初（1~3 月）最低，约 10 万 t（图 1-2），原因是我国处于冬季，气温较低,能进行水产养殖的区域不多,对水产饲料的需求不大。但是这段时间属于我国传统节日,由于水产养殖产量较低,因此,鲜活水产品价格昂贵(王威巍等,2016)。每年的6~9月是水产饲料生产旺季,产量在8月达到高峰,约80万t(图1-2),因为此时的气温适合水产养殖,而且经过前期的饲养,此时的水产动物处于快速生长期(罗志嘉等,2017),养殖户对饲料需求量增大,进而促使水产饲料产量增加。同时,每年8月份我国大部分地区均处于高温多雨天气,在该环境下水产饲料易霉变,给水产养殖和流通体系带来极大的隐患。这也提醒着水产饲料生产企业需要采取相应的防范措施来控制水产饲料的霉变。水产饲料的季节性变化规律也提出了水产业发展的储藏加工保鲜的关键问题。

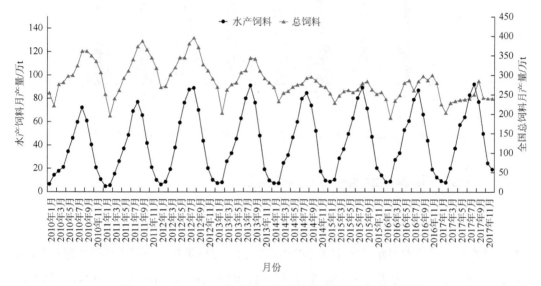

图 1-2 2010~2017 年我国水产饲料与总饲料月产量走势图

1.1.3 我国水产饲料成本的年度变化规律

根据 2010~2017 年全国畜牧总站发布的我国饲料生产形势报告中的数据,分析我国近 8 年来水产饲料和原料(以玉米、豆粕和鱼粉为主要成分)年平均价格走势(图1-3)。结果表明,玉米价格与水产饲料价格在这 8 年均保持一个相对稳定的水平,其价格稳定在 2.2 元/kg(玉米)和 3.4 元/kg 左右。受 2012 年美国严重干旱及我国东北地区大面积虫害的影响,重要农作物产量严重下降(张晓,2015),豆粕价格在 2013 年达到顶峰,但随后 4 年呈下降趋势,最大降幅达 21%,可能由于前期豆粕价格居高不下,提高了农民的生产热情,豆粕产量随即提高。鱼粉价格波动性比较大,近 8 年来,最低年平均价格(2012 年)与最高年平均价格(2015 年)相差近 30%,其主要原因是我国所消耗的鱼粉大部分是从国外进口,自产鱼粉仅占38%,因此其价格主要受国外进口的价格影响。同时,麦康森院士认为,我国在水产养殖方面的鱼粉使用量比全球低10%(麦康森,2016),由此可见我国能够使用更少的鱼粉进行水产养殖。因此即使鱼粉价格波动较大,水产饲料的年平均价格仍变化不大,这可能与水产饲料的原料主要以玉米为主有关。这也提醒着水产饲料生产企业需要注意植物性原料的质量安全控制,如霉变等。

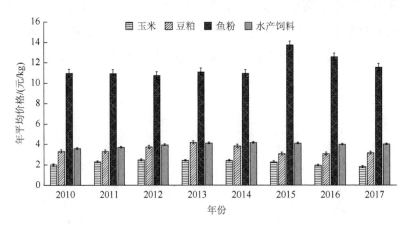

图 1-3 2010~2017 年我国水产饲料与原料年平均价格走势图

1.1.4 我国水产饲料成本的季节性变化规律

根据 2010~2017 年全国畜牧总站发布的我国饲料生产形势报告中的数据,分析水产饲料及其原料价格的季节性变化规律(图 1-4)。由于我国消耗的鱼粉大部分是进口的,鱼粉价格易受全球渔业产量及区域性渔业减产等的影响(王长梅,2017)。从图 1-4 可以看出,鱼粉价格呈波动性变化,尤其是在 2015 年,鱼粉月平均价格上升近 20%,其原因主要受厄尔尼诺现象及多台风天气影响,秘鲁等主要鱼粉出口国的产量急剧下降,影响了我国鱼粉价格(李剑楠,2016)。而玉米价格稳中有降,近 8 年的价格波动不大,主要与我国玉米种植面积较大,能较大程度满足国内市场需求有关。同时我国对玉米等储备粮食种类有宏观调控的能力,因此不易受国外市场所影响,这与魏斌报道的规律相一致(魏斌,2015)。豆粕价格受我国东北等地区的主要生产基地和国外主要产出国(如美国)的影响,如从 2014 年至 2016 年上半年,豆粕价格一路低迷,其原因主要是 2014~2015 年豆类丰收,市场供应宽松,价格呈下行的趋势(王长梅和杨洋,2015)。受以上 3 种主要原料价格影响,近 8 年水产饲料月平均价格稳中有升,波动程度不明显,说明市场上水产饲料的原料成分以玉米为主,鱼粉和豆粕为辅。这也反映越来越多的水产饲料生产企业正在使用植物性原料生产饲料。

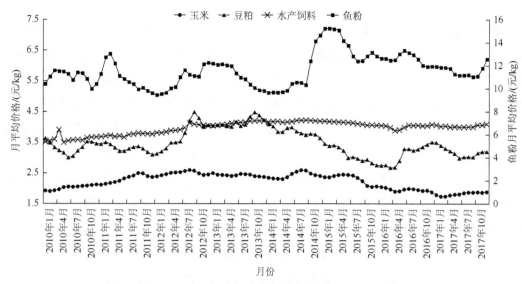

图 1-4 2010~2017 年我国水产饲料和原料月平均价格走势图

鱼粉价格（以碳酸氢钙价格为例）参考右侧刻度值

1.1.5 我国水产饲料主产地的发展现状

水产饲料的生产和产量是水产养殖产业链发展的基础。2015 年全国商品饲料总产量为 20 009 万 t，同比增长 1.4%，广东、山东等 8 个饲料工业大省，总产量为 11 744.9 万 t，占全国总产量的 59%，其中，广东省饲料产量超过 2500 万 t，稳居全国之首（图 1-5）。国家统计局数据表明，近 12 年以来，广东省饲料产量连续排名全国之首，平均占全国饲料产量的 13%，是全国饲料生产第一大省。我国 2014 年水产饲料产量同比增长 3.6%，高达 1903 万 t；广东省水产饲料总量同比增长 6.3%，占全国水产饲料总量的 21.8%，约为 415 万 t。广东省水产饲料连续多年产量占全国总产量的 20% 左右（图 1-5b），稳居全国第一，是我国水产饲料生产的第一大省。

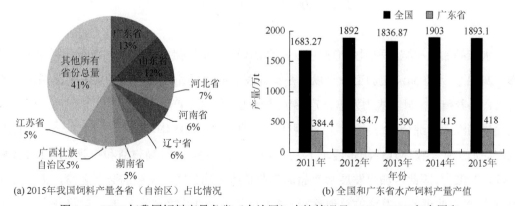

(a) 2015 年我国饲料产量各省（自治区）占比情况

(b) 全国和广东省水产饲料产量产值

图 1-5 2015 年我国饲料产量各省（自治区）占比情况及 2011~2015 年全国和广东省水产饲料产量产值（刘晓燕，2016）

随着水产品的需求量逐步提高，水产养殖业规模不断地扩大，水产饲料需求量也不断提高，饲料生产行业竞争日益激烈（殷守仁，2009）。企业为了降低水产饲料的加工成本，并考虑植物蛋白供应比较稳定，现在的生产工艺多用植物蛋白原料代替动物蛋白原料。因此，水产饲料中植物蛋白含量比例不断增加。现在主流的水产饲料中蛋白质主要是动物蛋白和植物蛋白；动物蛋白源主要包括血粉、羽毛粉、肉骨粉、骨粉、肉粉及其他动物副产品粉等（袁勇超，2011）；植物蛋白源主要包括亚麻饼粕、大豆制品、土豆蛋白、棉籽饼粕、玉米蛋白粉等（孙立梅，2013）。水产饲料中植物蛋白源的含水量普遍高于动物蛋白源的现象（表 1-1），不仅会引起氧化酸败，缩短储存期，还会导致饲料储存期间霉变风险提高。引起饲料霉变的三个主要因素是湿度、温度和氧气，广东省以热带及亚热带气候为主，降水充沛，水资源充足，常年温度较高，这样的气候特点使水产饲料霉变风险提高。广东省有多个沿海城市，而这些沿海城市水产养殖业发达，水产饲料供需量大。受海洋对大气层流的影响，空气呈弱酸性，pH 为 3.5~6，夏季气温在 15~35℃。而霉菌喜偏酸性潮湿环境，生长最适温度为 25~39℃。此外，为了降低生产成本，水产饲料配方中的植物成分比重越来越大，常见的植物粉如豆饼粉、面粉、麸皮等，均属易霉变的基质因素。因此，作为我国水产饲料主产地的广东，其仓库储存饲料霉变的风险较高。

表 1-1 动植物蛋白饲料中水分含量 （单位：%）

	菜籽粕	棉籽饼粕	大豆制品	鱼粉	肉骨粉
水分含量	10.10	11.05	11.22	7.36	5.66

1.2 水产品加工产业链

水产品加工和综合利用是渔业生产活动的延续，是连接养殖生产与市场的桥梁（王文彬，2002）。水产品流通加工一直以来是渔业发展的短板和瓶颈。加工兴，则流通活；流通活，则养殖兴。只有大力发展水产品流通加工，促进一产、激活二产、带动三产，才能全面提高渔业的综合经济效益，推进现代渔业的发展（陈庆华，2009）。在市场经济时期，水产品加工业不仅体现在满足需求上，还体现在促进生产、提高效益和产业素质上（钱林兴等，2002）。因此，加快发展水产品加工业是适应社会经济发展的必然之路，也是实现 21 世纪水产业可持续发展的重要途径，通过以加工企业为龙头更好地带动养殖生产单位及养殖农（渔）户增收致富，推动水产养殖业和渔业产业化向更高水平迈进。

水产食品的加工主要是以鱼、虾、蟹、贝、藻等的可食用部分制成冷冻品、腌制品、干制品、罐头制品和熟食品等（陈银银，2007）。水产食品的加工解决了加工原料的易腐败性和不易运输性，增加了水产食品的多样性和便利性。非食用品的加工主要以食用价值较低或不能食用的水产动植物及食品加工的废弃物等为原料，加工成鱼粉、鱼油、鱼肝油、水解蛋白、鱼胶、藻胶等饲料，非食用品的加工主要面向生产资料市场，在化工、医药等非食用工业中均占有一席之地（陈银银，2007；蒋勇，2002）。

我国水产品加工行业整体发展态势平稳，但现状并不乐观。主要表现在：水产加工品比例较低、品种少、高附加值产品少、技术含量低、废弃物利用率不高、传统产品加工技术落后、加工品质量低、加工机械化水平较低、水产品加工技术及其产业化尚未取得根本性突破等方面（倪瑞芳等，2010）。目前我国水产品加工行业存在六大问题：一是企业规模总体较小，自主创新能力弱，产品核心竞争力不强；二是行业规范制度不健全，行业内恶性竞争仍然存在；三是原料综合利用率整体较低，生态环保意识仍有待提高；四是分散的家庭式生产方式难以保证产品质量和加工原料稳定性，产业发展后劲不足；五是现代物流体系尚未建立，全国水产加工品的消费氛围尚未形成；六是财政的投入总体较少，有的地方甚至没有。而原料保障、技术装备、产品开发、质量监控、市场开拓、人员素质水平普遍不足或偏低等，已成为制约我国水产品加工业发展的瓶颈。

1.3 水产品冷藏产业链

目前，优质水产品的需求量不断提高，鲜活品质量优于冷冻品的观点已经在水产品市场中形成。鲜活水产品和冷冻水产品价格差距已经拉开。追求鲜活水产品的主流观点和价格利益的驱使已成为我国水产品冷藏产业链发展的主要原动力（齐凤生和程秀荣，2003）。我国高速公路网的逐步完善，为缩短冷藏运输时间提供保障（陈坚和朱富强，2001）。水产品在冰温冷藏链中的货架期最短，但保持的质量最好，商品价格最高（齐凤生和程秀荣，2003）。冷藏链温度是控制水产品品质劣变速度和货架期的关键，如对虾保鲜保活冷藏链物流运输多采用冰温技术（−3～0℃），商超销售多为0～5℃，而企业物流多采用−18℃以下。不同冷藏链温度下水产品中菌相变化对于预测货架期和控制特定腐败菌具有重要意义。研究人员已经从罗非鱼、牡蛎、对虾等部分水产品冷藏期间菌相变化的研究中证明了这一点。

由于远洋渔业生产的发展，水产品必须以冷冻的方式进行流通、销售，使冷冻水产品还具有一定程度的市场调配能力，这种形式的冷藏链因其货架期较长，能够适应运输、销售环节流转速度缓慢和水产品分配供应的特点，也使我国水产业得到了很大的发展（齐凤生和程秀荣，2003）。如我国目前普遍采用的-18℃冷藏链，能够满足"保持最佳品质，取得较好经营效益"的利弊权衡。但对一些品质要求较高，无法使用冰温冷藏链的优质水产品，将选用-25℃甚至更低温度的冷藏链，以延长其货架期（齐凤生和程秀荣，2003）。如在日本对金枪鱼使用了-55℃的超低温冷藏链，以保持金枪鱼作为生鱼片食用的品质要求。因此，今后水产品冷藏链将会形成冰温冷藏链，-18℃冷藏链提供一般冷冻水产品，-25℃及更低温度的冷藏链提供优质冷冻水产品的格局（陈坚和朱富强，2001）。

输送作为冷藏链的重要环节，通常是指冷冻食品从出厂或从一个冷藏库到另一个冷藏库的较长时间的运输过程（齐凤生和程秀荣，2003）。当前冷冻加工、低温储藏设施有了很大发展，相对比较完善。而超市、大卖场等新的商界业态的涌现，虽然改变了传统零售业的模式，但由于中间运输过程还不能保证加工制冷食品冷藏链所要求的温度范围，难以保证食品的货架期和质量（陈坚和朱富强，2001）。由于我国高等级公路大量修建和延伸，冷链运载工具如汽车得到了高速发展，正常航班的货仓和专门的货运飞机使得鲜活水产品的长距离运输得以解决（孔庆源，1999）。而冷藏集装箱的迅速发展，实现了易腐货物的联运网络，冷藏集装箱广泛应用于铁路、公路、水路和空中运输，是一种经济合理的运输方式。总之，作为冷藏链的一个重要环节的冷藏运输，正处在一个围绕保持水产品品质和提高效率为中心的迅速发展阶段（齐凤生和程秀荣，2003）。

冷库建设将向符合低温加工、储运、配送等方向发展，冷藏库是冷藏链中的重要环节之一。水产品在世界上许多国家和地区一直是提供动物蛋白的大众食品，并被认为是健康食品，但水产品与禽畜等食品相比，在海洋捕捞前无法进行任何控制，没有比较固定的微生物种类，并极易受环境中的细菌、病毒与毒素污染，易使人类产生疾病或食物中毒（齐凤生和程秀荣，2003）。我国人民物质生活水平从温饱型逐步向重视营养均衡的小康型过渡（陈坚和朱富强，2001），但由于水产品易腐烂变质的特点，如何冷冻、保鲜成为迫切需要解决的问题。

1.4 水产品供应产业链

随着经济的进一步发展，人们对水产品安全性的要求也在不断提高，并相继提出了多品种、少数量、无污染的要求（刘华楠和李靖，2010）。而我国水产品行业现有的软硬件条件还远不能适应消费者"多品种、少数量、保安全"的新型消费模式（刘华楠和李靖，2010）。从我国水产品供应链的整体运行质量和水平来看，由于水产品供应链的总体设计不合理，链上组织和机构之间相互脱节、缺少配合、难以协同运作，从而导致我国水产品供应链的实际运行不但存在成本高、效率低的问题，而且对食品安全的防范、监控和保障能力也极其低下（蒙少东，2007）。按照水产品供应链流程，围绕影响水产加工品质量的关键点与关键因子展开流程分析，重点记录苗种、养殖环节中饲料喂养、水质管理、捕捞、运输、加工环节中各工位上的参数（如作业时间、温度、湿度）及其他关键信息（刘华楠和李靖，2010；周慧，2010）。在水产品的养殖阶段主要记录内容如下。品种、微生物含量、重金属含量、病菌检疫水质报告、药物使用、饲料信息（周慧，2010）；捕捞阶段记录：捕捞许可证、检疫记录；流通阶段记录：室内温湿度范围；加工环节记录：作业时间、保存时间、仓库温湿度范围、工序名称、关键参数控制记录卫生标准操作程序（sanitation standard operation procedures，SSOP）、包装类型、时间；销售阶段记录：销售产品出厂日期、保质期、销售人员健康证明。对于每一环节，需要追溯的信息是根据"记载的标识追溯实体的历史、应用情况和所处场所的能力"的原则和消费者关注的程度确定的（刘华楠和李靖，2010）。

参 考 文 献

陈坚，朱富强，2001. 我国水产品冷藏链的现状与发展方向[J]. 制冷，20（3）：27-30.
陈庆华，2009. 莆田市水产加工业现状及发展对策[J]. 农产品加工（学刊），（9）：62-64.
陈银银，2007. 浙江水产品加工产业链延长的经济学分析[D]. 杭州：浙江工商大学.
高嵩，2011. 我国农业全产业链模式中政府作用机制分析[D]. 武汉：华中师范大学.
郭立，2013. 我国城市早餐服务业及其价值链的构建途径——以北京市早餐服务业为例[J]. 东北财经大学学报，（6）：63-68.
蒋勇，2002. 湖北省渔业资源生产潜力及其可持续利用研究[D]. 武汉：华中农业大学.
孔庆源，1999. 水产品冰鲜冷藏链[J]. 制冷技术，（2）：25-28.
李剑楠，2016. 2015年鱼粉市场回顾及展望[J]. 饲料广角，（4）：20-23.
李同月，陈蓝荪，2000. 上海小包装水产品市场调研分析[J]. 渔业现代化，（1）：18-20.
李心芹，李仕明，兰永，2004. 产业链结构类型研究[J]. 电子科技大学学报（社会科学版），6（4）：60-63.
刘华楠，李靖，2010. 基于可追溯机制的我国水产品供应链的优化[J]. 山西农业科学，38（1）：95-97.
刘美清，2012. 我国老龄产业发展战略分析[D]. 天津：天津师范大学.
刘晓燕，2016. 广东省霉变水产饲料中真菌毒素污染特性及其风险防控建议[D]. 湛江：广东海洋大学.
罗志嘉，王佩，彭娜，等，2017. 水产动物生长性别差异研究进展[J]. 水产学杂志，（6）：56-60.
麦康森，2016. 中国的水产养殖、饲料原料与世界渔业资源[J]. 饲料与畜牧，（6）：17-19.
蒙少东，2007. 浅谈我国食品供应链的瓶颈制约与因应对策[J]. 商业研究，（12）：80-82.
倪瑞芳，胡骏，王开洋，2010. 水产品加工副产物的综合利用[J]. 河北渔业，（8）：47-50.
齐凤生，程秀荣，2003. 水产品冷藏链的现状和发展趋势[J]. 河北渔业，（3）：40-41.
钱林兴，孙效旗，张倩，2002. 南美白对虾"养殖热"引发的思考[J]. 渔业致富指南，（1）：19-20.
孙立梅，2013. 高比例棉粕饲料中添加蛋氨酸及其替代物对中华绒螯蟹摄食和生长的影响[D]. 上海：华东师范大学.
王长梅，2017. 2016年鱼粉市场回顾及2017年展望[J]. 饲料广角，（3）：18-21.
王长梅，杨洋，2015. 2015年国内大豆豆粕市场回顾与下半年展望[J]. 饲料广角，（15）：15-17.
王化峰，2011. 我国农产品加工产业链管理研究[J]. 农业经济，（3）：35-36.
王威巍，梁鸽峰，孙琛，2016. 中国水产品市场价格波动特征研究[J]. 中国渔业经济，34（2）：56-63.

王文彬，2002. 我看水产加工业[J]. 北京水产，（2）：20.
魏斌，2015. 2014/15 年度国内玉米市场回顾及 2015/16 年度展望[J]. 农业展望，11（11）：4-11.
溪川，孝平，2004. 风正一帆高 波碧千舟行 鄂州市水产加工业的调查与思考[J]. 渔业致富指南，（4）：47-48.
殷守仁，2009. 北京市水产品饲料业的行业状况及发展趋势[J]. 北京农业（下旬刊），（11）：61-67.
余佳胜，陈晓辉，2007. 浅议构建饲料企业的竞争优势[J]. 广东饲料，16（5）：12-15.
袁勇超，2011. 胭脂鱼适宜蛋白能量水平、投喂水平和磷需要量及对植物蛋白源的利用研究[D]. 武汉：华中农业大学.
岳冬冬，王鲁民，方海，等，2018. 中国城乡居民水产品消费量与收入差距关系研究[J]. 渔业信息与战略，（1）：1-8.
张晓，2015. 豆粕价格、玉米价格和活猪价格的短期动态关系与长期均衡[J]. 江苏农业科学，43（1）：440-443.
周慧，2010. 水产品供应链追溯系统的设计[D]. 上海：上海海洋大学.

第 2 章　水产养殖产业链中常见真菌毒素的种类及性质

2.1　真　菌　毒　素

真菌毒素（mycotoxin）是一类由真菌产生的有毒次级代谢产物，极易对人、牲畜造成损害，又称为"霉菌毒素"，目前已知的有 300 多种化学结构不同的真菌毒素（Brera et al., 1998）。真菌毒素不但能导致农产品霉败、产品品质降低及营养物质损失，而且能通过抑制生物体内 DNA、RNA、蛋白质和各种酶类的合成及破坏细胞结构而引起真菌毒素中毒。真菌毒素易引起动物中毒，造成胃肠道、肝脏、肾脏、脾、大脑及神经系统的损伤，导致饲料转化率降低、日增重下降、对疾病的易感性增高、死亡率增加等（Huwig et al., 2001；Richard, 2007；卢永红等, 2005）。真菌毒素与细菌毒素不同，其对农作物的污染是不可避免的，耐高温，广泛污染农作物、饲料及食品等植物源产品（鲍蕾等, 2005），我国南方的气候更适宜真菌毒素的生长，且近年来水产饲料多用相对廉价的植物蛋白代替动物蛋白，虽使成本降低，但增加了水产饲料受真菌毒素污染的风险，进而使得水产养殖业面临真菌毒素的危害，特别是真菌毒素在水产生物中的残留或蓄积通过食物链的传递，必将给人类带来极大的食品安全风险。因此监控真菌毒素对水产品的危害具有重大意义。广东省是我国水产养殖大省，海岸线和海洋产业总产值都位居全国之首，是广东省农业的重要支柱，对虾、罗非鱼和石斑鱼等是广东水产养殖业的主导品种，产量均为全国第一。我国农产品和饲料中常见的、危害性较大的真菌毒素主要有黄曲霉毒素、单端孢霉烯族毒素、镰刀菌烯醇、赭曲霉毒素 A、玉米赤霉烯酮、伏马菌素、桔青霉素及麦角生物碱等（表 2-1）。

表 2-1　农产品和饲料中常见的真菌毒素的种类、危害及常见污染物

毒素	主要类型	危害	污染物
黄曲霉毒素	18 种 FB_1，M_2	致癌、免疫毒性、肝肾毒性	小麦、大麦、花生、玉米
单端孢霉烯族毒素	T-2	肝肾毒性，消化道刺激引起厌食、抵制生长	玉米、小麦等谷物及其制品
镰刀菌烯醇	7 种 DON	消化道癌变、抑制蛋白质合成、细胞突变、呕吐毒性等	玉米、小麦等谷物及其制品
赭曲霉毒素 A	9 种 OTA	B 类剧毒、三致性、肝肾毒性、免疫毒性、神经毒性、残留毒性等	谷物、油料、草本茎叶、咖啡、果渣等

续表

毒素	主要类型	危害	污染物
玉米赤霉烯酮	16 种 ZEA	性早熟、生殖毒性、致癌性、神经毒性	玉米、小麦等作物及制品
伏马菌素	11 种 FB_1	致肿瘤、突变，生长停滞、遗传毒性、肾脏毒性	玉米、小麦等作物及制品
桔青霉素	3 种有强毒性	肢体坏疽、神经毒性、血管收缩、缺氧	谷物、油料等
麦角生物碱	14 种麦角酸生物碱	神经毒性、血管收缩、缺氧、肢体坏疽	燕麦等麦类谷物

2.2 T-2 毒素

T-2 毒素［化学名：4,15-二乙酰氧基-8-（异戊酰氧基）-12,13-环氧单端孢霉-9-烯-3-醇；分子式：$C_{24}H_{34}O_9$］是由多种真菌，主要是三线镰刀菌产生的一种单端孢霉烯族 A 类化合物（trichothecenes A），其化学结构见图 2-1。T-2 毒素熔点高（约 152℃），不易挥发，不溶于水和石油醚，易溶于乙腈、乙醇和乙酸乙酯等溶剂。该毒素性质稳定，不易清除，对热和紫外线有很强的耐受性，在 200～210℃加热 30～40 min 或在 NaOCl-NaOH 溶液中浸泡至少 4 h 才能使其失活（Wannemacher & Wiener，1997）。T-2 毒素带有酯基，用碱处理后水解成相应的醇。要使双键还原可用接触氢化。四氢钾铝或氢硼化钠可使环氧基还原成醇。它广泛分布于自然界，是常见的污染田间作物和库存谷物的主要毒素，对人、畜危害较大。此外，T-2 毒素能够引起急性、亚急性和慢性中毒。急性中毒主要表现为引起生物厌食、恶心及体重减轻等，据有关报道，低剂量的 T-2 毒素暴露就能引起人胃肠免疫功能受损（Li et al.，2006）。而亚急性中毒和慢性中毒主要症状为作用生物的骨髓坏死，且攻击淋巴细胞，致使淋巴细胞的匮乏（冯杏婉等，1989）。2003 年我国谷物中 T-2 毒素的检出率已达到 80%（Cast，2003）。T-2 毒素因感染剂量、时间和途径的不同，以及被感染动物的性质不同，引起的毒性也不同（Canady et al.，2001）。T-2 毒素具有高细胞毒性，它能够引起皮肤和胃黏膜损伤，诱导脂质过氧化反应，阻碍 DNA 的合成（Leal et al.，1999；Thompson & Wannemacher，1990），通过直接破坏细胞膜或者激活 caspase-3（Ueno et al.，1995），引起细胞凋亡。T-2 毒素能够阻碍蛋白质的合成，减少淋巴细胞数，损害免疫防御系统，影响人和动物的生长（Pettersson & Langseth，2002）。1974 年的联合国粮食及农业组织（Food and Agriculture Organization of the United Nations，FAO）和世界卫生组织（World Health Organization，WHO）在瑞士日内瓦召开的联合会议上把 T-2 毒素列为最危险的天然污染源之一（Abbas et al.，1989）。近年来饲料受到 T-2 毒素的污染限制了水产饲料行业的发展,且 T-2 毒素可通过食物链传递危害人类健康,因此 T-2 毒素的危害控制不容忽视。

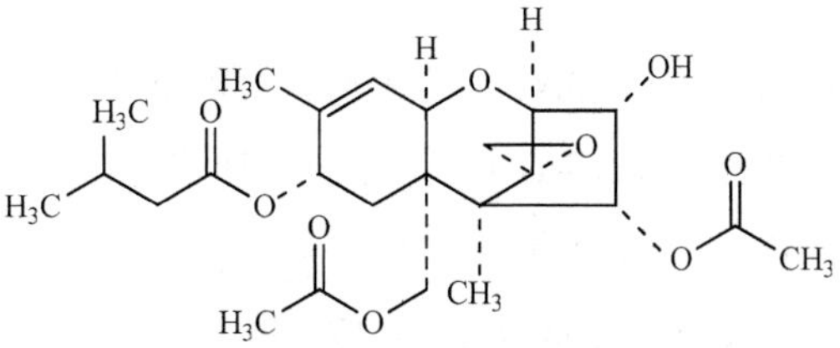

图 2-1 T-2 毒素的化学结构

2.3 黄曲霉毒素

黄曲霉毒素(Aflatoxin,AFT)是一类化学结构相似的化合物,熔点在 200~300℃,耐高温,一般煮沸不能将其结构破坏;在紫外线(365 nm 左右)照射下会发荧光,均为二氢呋喃香豆素的衍生物,主要是由黄曲霉(*Aspergillus flavus*)、寄生曲霉(*Aspergillus parasiticus*)产生的次生代谢产物(潘中华等,1995),在湿热地区食品和饲料中出现 AFT 的概率最高。它们存在于泥土、动植物、各类坚果中,特别容易污染玉米、花生、稻米、小麦等粮油产品(王君和刘秀梅,2006),是真菌毒素中毒性最大、危害人类健康最严重的一类真菌毒素。AFT 对动物具有致畸性、致癌性和致死毒性,并且对免疫和生殖系统均具有损伤(Steyn,1995)。AFT 能够抑制细胞中 RNA 与 DNA 的合成,使细胞蛋白质的合成紊乱,进而引起动物损伤(朱蓓蕾,1989)。其中黄曲霉毒素 B_1(AFB_1)毒性最强,是氰化钾的 10 倍,化学式为 $C_{17}H_{12}O_6$,分子量为 312.27,耐高温,分解温度在 268℃以上,低温下结构稳定(李秉鸿和李筠,2001),难溶于水,不溶于乙醚、己烷和石油醚,易溶于甲醇、乙腈等有机溶剂,一般在中性溶液中比较稳定,在强酸环境下存在较弱的分解,在 pH 9~10 的强碱溶液中迅速分解,属于剧毒类物质,并具有致癌、致畸、致突变能力(Massey et al.,1995),其化学结构见图 2-2。Dietert 等(1985)研究报道,6 日龄鸡胚在注射 AFB_1 后,其淋巴细胞增生减少,宿主移植物反应被抑制;18 日龄鸡胚在注射 AFB_1 后,T 淋巴细胞和 B 淋巴细胞的 DNA 损伤,导致 T 淋巴细胞和 B 淋巴细胞分化不正常,淋巴细胞数量减少,鸡的增重降低。多个研究表明,摄食含 AFT 的动物食品,可能将其残留的 AFT 转移到进食者体内,造成危害(Agag,2004;Dietert et al.,1985)。因此解决水产品的真菌毒素危害问题刻不容缓,否则将会危及人类健康。

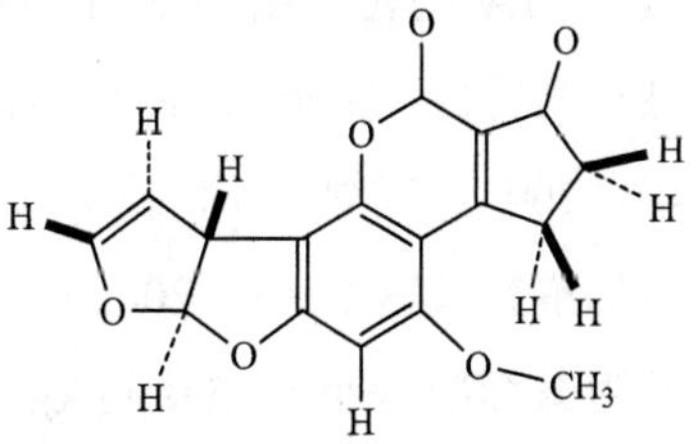

图 2-2 AFB_1 的化学结构

2.4 呕吐毒素

呕吐毒素（Deoxynivalenol，DON），又称脱氧雪腐镰孢菌烯醇，为雪腐镰孢菌烯醇（NIV）的脱氧衍生物，化学名为 3α,7α,15-三羟基草镰孢菌-9-烯-8-酮，分子式 $C_{15}H_{20}O_6$，分子量为 296，为无色针状结晶，熔点为 151～153℃，易溶于水、乙醇等溶剂，性质稳定、耐酸，具有强热抵抗力，121℃高压加热 25 min 仅有少量被破坏，属单端孢霉烯族化合物，其化学结构见图 2-3。由禾谷镰孢菌产生，为天然霉菌产物，常出现在玉米（穗腐病）、小麦和大麦（赤霉病）上。因为它可以引起猪的呕吐而得名，对人体健康有一定危害作用，在欧盟分类标准中为三级致癌物。长期摄入会导致呕吐、腹泻、拒食（韩青梅等，2003），抵抗力下降，从而导致细菌传染危害。DON 能影响消化系统（Awad et al.，2007），具有神经毒性（Prelusky et al.，1990）、细胞毒性（Pestka et al.，1994）和免疫毒性（刘秀芳等，2009）等。DON 与人畜的健康息息相关，被污染的粮食作物在研磨和加工的过程中 DON 很难被降解，易造成人畜中毒，且随着养殖业的发展，呕吐毒素必将影响畜牧业的生产，对人类的危害将越来越大。我国饲料和饲料原料中 DON 的超标率和检出率都很高。2009～2010 年中国部分省市饲料中 6 种真菌毒素的污染情况调查结果显示 DON 的检出率是 100%，最高含量达 1.85 μg/kg（陈心仪，2011）。张丞和刘颖莉（2009）对玉米样品进行检测，DON 阳性率为 97.4%，阳性产品中值为 1073μg/kg。

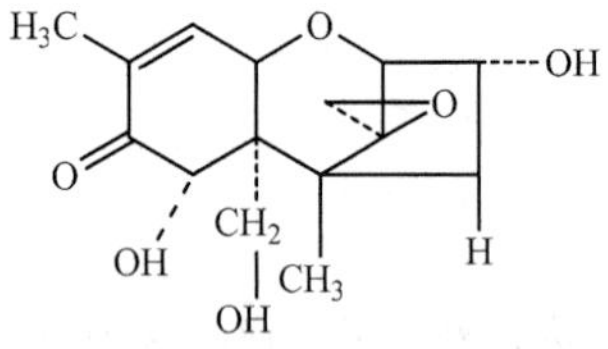

图 2-3 DON 的化学结构

2.5 赭曲霉毒素

赭曲霉毒素（Ochratoxin，OT）是由青霉属和黄曲霉菌属的霉菌产生的一种类群的次级代谢产物，包括 7 种结构类似的化合物，其中赭曲霉毒素 A（OTA）最常见的，毒性最强，OTA 的化学结构见图 2-4。OTA 耐热性强，烘烤只能使其毒性降低 20%，蒸煮不能破坏其毒性（Battilani & Pietri，2002；谢春梅和王华，2007；赵博和丁晓文，2006）。我国《粮食卫生标准》（GB 2715—2005）对谷类、豆类中 OTA 的限量标准为小于 5.0 μg/kg，并推荐其检测方法为国家标准《谷类物和大豆中赭曲霉毒素 A 的测定》（GB/T 5009.96—2003）。

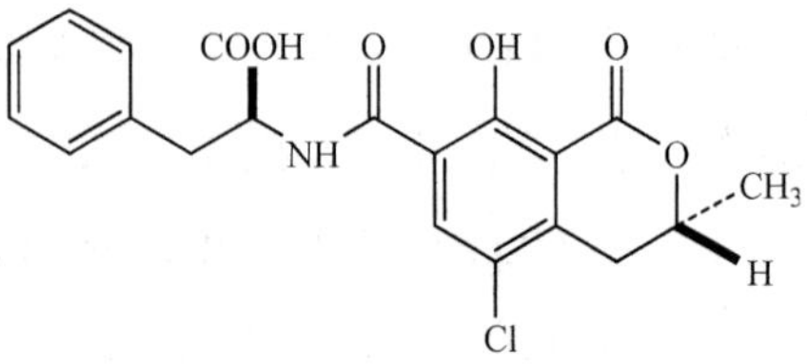

图 2-4 OTA 的化学结构

OTA 可污染玉米、谷物和油菜籽，广泛分布于饲料及饲料原料中，当人畜摄入被 OTA 污染的食品或饲料后，就会发生急性、慢性中毒（李鹏等，2005），动物进食被 OTA 污染的饲料后毒素在体内蓄积，由于其在动物体内的稳定性，不易被代谢降解，动物性食品，尤其是肝脏、肌肉、血液、奶及奶制品中常有 OTA 检出（孙蕙兰和朱钟相，1991），OTA 主要攻击动物的肾脏（Cast，2003）。处于成长期的虹鳟其 OTA 的口服半致死剂量 LD_{50} 为 4.67 mg/kg。虹鳟的 OTA 毒素中毒症状包括肾脏肿胀、肝脏坏疽、苍白和高死亡率（Hendricks et al.，1994）。研究表明 OTA 同样具有致癌及可引起基因突变等危害，对人畜健康造成很大威胁，目前人类对 OTA 还不够重视，且在当前研究水平和条件下，要完全避免其危害很困难。除了从源头控制农作物被霉菌污染外，有效的策略就是加大监督管理，及时发现并处理污染，以防受污染严重的食品危及人类健康（Brera et al.，1998；Steyn，1995；高翔等，2005）。

综上，T-2 毒素、AFT、DON 和 OTA 是广泛存在于自然界的真菌毒素，易污染农作物，从而影响以其作为原料的水产饲料，是水产饲料中强致癌、致畸毒性的常见真菌毒素，且较低残留水平即可带来较大食品安全风险。能够通过对虾、罗非鱼等大宗水产养殖链蓄积，危害水产动物甚至在其中蓄积，进而通过食物链传递给人畜，危害人畜健康。

参 考 文 献

鲍蕾，梁成珠，刘学惠，等，2005. 出入境农产品中真菌毒素的污染、检测及控制[J]. 中国食品工业，(1)：60-61.
陈心仪，2011. 2009-2010 年中国部分省市饲料原料及配合饲料的霉菌毒素污染概况[J]. 浙江畜牧兽医，36（2）：7-10.
冯杏婉，赵修南，李凤仙，等，1989. T2 毒素对小鼠外周血象和骨髓造血干、祖细胞的作用[J]. 中国药理学与毒理学杂志，(2)：144-148.
高翔，李梅，张立实，2005. 赭曲霉毒素 A 的毒性研究进展[J]. 国外医学：卫生学分册，32（1）：51-55.
韩青梅，曹丽华，康振生，2003. 小麦赤霉病毒素研究进展[J]. 西安文理学院学报（社会科学版），6（4）：18-21.
李秉鸿，李笃，2001. 畜禽黄曲霉中毒及去霉研究的概述[J]. 畜牧与兽医，33（2）：40-42.
李鹏，赖卫华，金晶，2005. 食品中真菌毒素的研究[J]. 农产品加工（学刊），(3)：12-15.
刘秀芳，何成华，张爱华，等，2009. 脱氧雪腐镰刀菌烯醇诱导血管内皮细胞凋亡及其凋亡相关因子的初步研究[C]//中国畜牧兽医学会家畜内科学分会 2009 年学术研讨会论文集：778-783.
卢永红，陈峰，李太翔，2005. 饲料中霉菌毒素与脱毒剂的研究进展[J]. 中国畜禽种业，(9)：46-49.
潘中华，徐燕芳，成恒嵩，1995. 黄曲霉毒素分析方法进展[J]. 农业环境与发展，(2)：30-33.
孙蕙兰，朱钟相，1991. 荧光抗体技术对鸡组织器官中赭曲霉毒素残留检测的研究[J]. 山东农业大学学报（自然科学版），(4)：347-350.
王君，刘秀梅，2006. 部分市售食品中总黄曲霉毒素污染的监测结果[J]. 中华预防医学杂志，40（1）：33-37.
谢春梅，王华，2007. 葡萄与葡萄酒中赭曲霉毒素 A 检测方法研究进展[J]. 酿酒科技，(3)：92-96.
张丞，刘颖莉，2009. 全价配合饲料及部分原料中霉菌毒素检测报告[J]. 中国奶牛，(11)：18-20.
赵博，丁晓文，2006. 赭曲霉素 A 污染及毒性研究进展[J]. 粮食与油脂，(4)：39-42.
朱蓓蕾，1989. 动物毒理学[M]. 上海：上海科学技术出版社.
Abbas H K, Mirocha C J, Kommedahl T, et al., 1989. Production of trichothecene and non-trichothecene mycotoxins by Fusarium species isolated from maize in Minnesota[J]. Mycopathologia, 108（1）：55-58.

Agag B I, 2004. Mycotoxins in foods and feeds: 1-aflatoxins[J]. Assint University Bulletin for Environmental Researches, 7 (1): 173-205.

Awad W A, Aschenbach J R, Setyabudi F M C S, et al., 2007. *In vitro* effects of deoxynivalenol on small intestinal d-glucose uptake and absorption of deoxynivalenol across the isolated jejunal epithelium of laying hens[J]. Poultry Science, 86 (1): 15-20.

Battilani P, Pietri A, 2002. Ochratoxin a in grapes and wine[J]. European Journal of Plant Pathology, 108 (7): 639-643.

Brera C, Miraglia M, Colatosti M, 1998. Evaluation of the impact of mycotoxins on human health: sources of errors[J]. Microchemical Journal, 59 (1): 45-49.

Canady R A, Coker R D, Egan S K, et al., 2001. T-2 and HT-2 in WHO/IPCS safety evaluation of certain mycotoxins in food[J]. Fao Food & Nutrition Paper, 4: 557-680.

Dietert R R, Qureshi M A, Nanna U C, et al., 1985. Embryonic exposure to aflatoxin-B1: mutagenicity and influence on development and immunity[J]. Environmental & Molecular Mutagenesis, 7 (5): 715-725.

Hendricks J D, Eaton D L, Groopman J D, 1994. Carcinogenicity of aflatoxins in nonmammalian organisms[J]. Toxicology of Aflatoxins: 103-136.

Huwig A, Freimund S, Käppeli O, et al., 2001. Mycotoxin detoxication of animal feed by different adsorbents[J]. Toxicology Letters, 122 (2): 179-188.

John L R, Gary A P, Anne E D, et al., 2003. Mycotoxins: Risk in Plant, Animal and Human Systems[M]. Council of Iowa Lowa: Agricultural Science and Technology: 1-191.

Leal M, Shimada A, RuíZ F, 1999. Effect of lycopene on lipid peroxidation and glutathione-dependent enzymes induced by T-2 toxin *in vivo*[J]. Toxicology Letters, 109 (1-2): 1-10.

Li M, Harkema J R, Islam Z, et al., 2006. T-2 toxin impairs murine immune response to respiratory reovirus and exacerbates viral bronchiolitis[J]. Toxicology & Applied Pharmacology, 217 (1): 76-85.

Massey T E, Stewart R K, Daniels J M, 1995. Biochemical and molecular aspects of mammalian susceptibility to aflatoxin B1 carcinogenicity[J]. Proceedings of the Society for Experimental Biology and Medicine, 14 (7): 213-227.

Pestka J J, Yan D, King L E, 1994. Flow cytometric analysis of the effects of *in vitro* exposure to vomitoxin (deoxynivalenol) on apoptosis in murine T, B and IgA$^+$ cells[J]. Food & Chemical Toxicology, 32 (12): 1125-1136.

Pettersson H, Langseth W, 2002. Intercomparison of Trichothecene Analysis and Feasibility to Produce Certified Calibrants and Reference Material. Final Report I, Method Studies[M]. Brussels: European Communities.

Prelusky D B, Hartin K E, Trenholm H L, 1990. Distribution of deoxynivalenol in cerebral spinal fluid following administration to swine and sheep[J]. Journal of Environmental Science & Health Part B, 25 (3): 395-413.

Richard J L, 2007. Some major mycotoxins and their mycotoxicoses—an overview[J]. International Journal of Food Microbiology, 119 (1): 3-10.

Steyn P S, 1995. Mycotoxins, general view, chemistry and structure[J]. Toxicology Letters, 82-83: 843-851.

Thompson W L, Wannemacher R W J, 1990. *In vivo* effects of T-2 mycotoxin on synthesis of proteins and DNA in rat tissues[J]. Toxicology & Applied Pharmacology, 105 (3): 483-491.

Ueno Y K, Umemori E N, Tanuma S, et al., 1995. Induction of apoptosis by T-2 toxin and other natural toxins in HL-60 human promyelotic leukemia cells[J]. Natural Toxins, 3 (3): 129-137.

Wannemacher R W Jr, Wiener S L, 1997. Trichothecene Mycotoxins[M]. Washington DC: Office of the Surgeon General Department of the Army.

第3章　水产食品链中真菌毒素污染概况

3.1　水产养殖环境中镰孢菌的污染

镰刀菌属（*Fusarium* Link.）也称镰孢菌属，为半知菌亚门，丝孢纲，广泛存在于土壤、湖泊中（赵帅和刘均洪，2008），兼寄生或腐生生活，是真菌中较大的一属。它是人类发现的最重要的植物病原菌之一，可侵染多种植物（粮食作物、油料作物、经济作物、药用植物及观赏植物）。它是植物维管束系统的寄生菌，在适宜的环境条件下，不但破坏作物的输导组织维管束，而且在菌体生长发育代谢过程中产生毒素危害作物，造成作物萎蔫死亡，影响品质和产量，严重时可导致产量显著下降；有些镰孢菌还可以产生真菌毒素，人畜食用后会造成食物中毒甚至死亡；有些镰孢菌在自然界中可分解纤维素降解有机物，对自然界的物质循环起着一定的作用；有些菌株可直接侵染人和动物，造成严重的疾病；有些菌株可寄生在昆虫或其他真菌上，作为生防菌而被利用；有些菌株在一定培养条件下可产生激素，用于刺激动植物的生长发育（陈剑山，2007）。由于镰孢菌对人类的生产生活影响极大，所以近200年来许多科学家不断地对镰孢菌的形态、生理、致病性等方面进行研究。

镰孢菌在自然界中分布极其广泛，采集分离的纯培养物由于培养方法不当在培养过程中容易发生变异，因而给镰孢菌的分类鉴定造成了一定的困难。经研究总结，在显微镜下，镰孢菌菌丝呈分支状，大多有分隔，生殖方法是形成大分生孢子、小分生孢子和厚膜孢子。大分生孢子呈镰刀形或新月形，有1~7个横隔。小分生孢子为椭圆形或圆形，不分隔。厚膜孢子只有在不良条件下才产生，通常出现在菌丝中间或大分生孢子的一端，圆形或长圆形，具厚壁，有时4~5个相连在一起。大小分生孢子在条件适宜时均能发芽，并发育成为新菌丝体。根据有经验的科研工作者介绍，镰孢菌的菌落形态多呈棉絮状。

寄生在对虾上的镰孢菌，1966年首次在日本冈山水产实验所养殖的日本对虾（*Penaeus japontcus*）上发现，之后20多年，随着世界养虾业的迅速发展，已在白对虾（*Penaeus setiferus*）、万氏对虾（*Penaeus vannamei*）、加州对虾（*Penaeus californiensis*）等多种对虾上发现（卞伯仲等，1987），成为养殖虾类中危害较严重的一种流行病。

根据流行情况的调查显示，镰孢菌是十足目甲壳类的一种危害很大的病原，其宿主种类和分布地区都很广。在海水中的各种对虾和龙虾都可受感染；淡水的罗氏沼虾甚至鲤鱼都可受感染，但斑节对虾对它有高度的抵抗力。其分布的地区几乎是世界性的，美洲、亚洲、欧洲都有报道。在我国有些地区，人工越冬期的中国对虾亲虾于1985年曾因此病引起大批死亡，其他年份也常有发生。美国的加州对虾对此病最为敏感，感染率有时高达100%，死亡率有时高达90%；其次为蓝对虾和万氏对虾（俞开康等，2000）。

我国于1985年12月在河北省人工越冬期的中国对虾（*Penaeus chinensis*）上首次发现镰孢菌病，1987年4月在浙江省人工越冬期病虾上第一次分离到该病病菌；此后，又陆续在山东、江苏、辽宁等省的多处对虾越冬场分离到。病虾主要症状为黑鳃、烂鳃，在甲壳上则表现为黑斑、溃烂，严重的在肌肉、中肠腺等组织中也能形成病灶。此病危害性极大，可引起人工越冬期对虾的大批死亡。

1991年，范葵红以寄生于中国对虾中的镰孢菌进行了人工感染实验和药敏试验（范葵红，1991）。由人工感染实验结果可以看出，中国对虾对镰孢菌很敏感，镰孢菌对对虾的典型性伤害主要是鳃部黑变，个别虾壳生出甲壳黑斑。药敏试验：取纯培养之镰孢菌，制成孢子悬液，涂于真菌培养基上，然后加入含不同药物（福尔马林、孔雀石绿、高锰酸钾、两性霉素B）的滤纸片，28℃培养24 h观察抑菌圈大小。由药敏试验可以看出，镰孢菌对福尔马林和高锰酸钾比较敏感，但这两种药物对对虾也有害，故只能用小剂量稍加控制，研究和找到彻底治疗镰孢菌病的药物已是势在必行。

目前对于对虾镰孢菌病的治疗方法有：①每立方米水体用0.05～0.10 g的孔雀石绿可以杀灭存在于池水中的分生孢子和菌丝，但对于虾体内的分生孢子和菌丝无效；②在感染初期，尚未出现明显症状时，每立方米水体用2000万U制霉菌素，可以抑制真菌的生长发育，降低对虾死亡率（俞开康等，2000）。而镰孢菌在对虾体内已生长繁殖后至今尚无有效药物可以治疗。

孙颖峰等（2011）采用镰孢菌选择性培养基（FS）、PDA分离培养基和SNA鉴定培养基，针对对虾养殖环境中水域、沉泥及饲料等样本进行镰孢菌的分离，再用芽孢杆菌抗菌肽作用于分离株，观察其抑菌效应。结果共分离到镰孢菌255株，鉴定出14株梨孢镰孢菌和16株串珠镰孢菌。定量计算出水样中镰孢菌的平均浓度为16 CFU/ml，沉泥样中镰孢菌的平均浓度为161 CFU/ml，饲料样中镰孢菌的平均浓度为69 CFU/g。抑菌试验表明芽孢杆菌抗菌肽对受试菌株的气生菌丝均有抑制效应，最佳稀释度为2.5 μg/ml。对虾养殖环境中存在一定浓度的镰孢菌，对对虾养殖存在潜在威胁；芽孢杆菌抗菌肽对对虾养殖环境中镰孢菌的抑菌效应显著。

施琦等（2012）从对虾养殖环境中分离筛选出产T-2毒素的镰孢菌，并获得了纯度较高的镰孢菌代谢产物——T-2 毒素，有利于我国有效摆脱依赖国外进口价格昂贵的 T-2 毒素标准品问题。从凡纳滨对虾（*Litopenaeus vannamei*）养殖环境（包括虾池水样、沉泥样品和对虾混合饲料）中分离到 27 株镰孢菌，选取一株菌株进行产毒培养，并对其代谢产物进行分析。具体而言，是将菌株在 GYM 培养基上 25℃条件下培养 12 h 后转至 8℃培养 12 h，交替进行 4 周，将其代谢产物分离纯化、结晶，80℃干燥后用红外光谱仪分析产物结构，然后利用免疫亲和柱特异性，比较产物经 T-2 毒素免疫亲和柱纯化前后的 1H 核磁谱图。利用红外光谱仪，核磁共振光谱结合免疫亲和柱的方法鉴定代谢产物成分。由红外光谱图可判断目标组分存在与单端孢霉烯族毒素相同的特征官能团，初步判定产物为单端孢霉烯族毒素。通过 1H 核磁谱图比较 T-2 毒素免疫亲和柱纯化前后物质结构一致，充分说明对虾养殖环境中广泛存在镰孢菌，并确定了在筛选得到的镰孢菌菌株的次生代谢产物中有 T-2 毒素，同时也说明凡纳滨对虾受到 T-2 毒素污染威胁大。

黄展锐等（2014）采用镰孢菌选择性培养基，从凡纳滨对虾养殖环境中的海水、沉泥、饲料和对虾中分离镰孢菌并进行形态学鉴定。镰孢菌分离株经产毒培养，毒素抽提，采用薄层层析法快速初步筛选，同时对毒素产物进行 LC-MS/MS 验证，阐明对虾养殖环境中产 T-2 毒素镰孢菌的发生规律。结果表明，对虾养殖环境中共分离出镰孢菌 257 株，其中饲料中的占 26.8%（69/257），沉泥中的占 62.6%（161/257），水样中的占 6.2%（16/257），对虾体内的占 4.4%（11/257）。经形态学鉴定，这些镰孢菌可分为 4 种：串珠镰孢菌（*Fusarium moniliforme*）占 11.6%（30/257）；梨孢镰孢菌（*Fusarium poae*）占 5.4%（14/257）；尖孢镰孢菌（*Fusarium oxysporum*）占 9.7%（25/257）；拟枝孢镰孢菌（*Fusarium sporotrichioides*）占 6.6%（17/257）；未鉴定种占 66.5%（171/257）。薄层层析法发现产毒镰孢菌占 10.6%（5/47）。经液质联用仪器法检测发现产生的主要毒素为 T-2 毒素，此外还有未知毒素。此研究为对虾镰孢菌病的有效控制提供基础数据。

镰孢菌在自然环境中普遍存在，除了谷物、动物饲料、禽畜类养殖环境中大量存在外，水产养殖环境也存在。自 1966 年日本冈山水产实验所在养殖的日本对虾上发现寄生镰孢菌后，研究人员普遍认为产 T-2 毒素镰孢菌已成为养殖虾类中危害较严重的因素之一。镰孢菌的相关报道并不少见，但对虾养殖环境中关于 T-2 毒素的报道却并不多。虽然镰孢菌在养殖对虾中早有发现，但并不是所有镰孢菌都能产生 T-2 毒素，所以对对虾养殖环境中镰孢菌的产毒情况进行研究意义重大。不仅为 T-2 毒素可能对对虾养殖造成威胁提供证据，并且为进一步开展 T-2 毒素在虾体毒理研究提供支撑。

3.2 水产饲料中真菌毒素的污染调查

3.2.1 国内外饲料中真菌及其毒素的污染调查状况

真菌毒素对粮食和饲料的污染，最开始是真菌对粮食和饲料的污染。真菌以孢子繁衍下一代，而孢子的耐力大、抗性强。真菌孢子普遍存在于土壤和一些腐烂的植物中。真菌孢子可以由水、空气及昆虫传播。真菌对饲料有内源性污染和外源性污染两种方式。内源性污染是指粮食收割之前受到污染，主要由存在于土壤或植物体的真菌孢子引起。外源性污染是指收获后受到的污染，饲料在加工、运输、存储、喂养过程中，水、空气、加工机械、地面、运输工具、饲喂工具及存储场所中的真菌孢子附着于谷物和颗粒饲料中，在合适条件下生长繁殖（代喆，2013）。自然环境中常见的产毒真菌有曲霉菌属（*Aspergillus*）、青霉菌属（*Penicillium*）和镰孢菌属（*Fusarium*）。镰孢菌属常生长在水分充足的环境中，在水分充足的田间传播侵染植物，因此也称为"田间真菌"。而曲霉菌属、青霉菌属常生长于干燥的环境，常在储藏期传播因而称为"储藏真菌"。但是，真菌生长和产毒一般要求水分含量超过 14%和相对水分活度超过 70%。真菌污染可影响饲料的质地、颜色、气味和风味及化学组成和营养价值（吕东海，2001）。因此，避免购买霉变的饲料原料、控制储藏条件而且不要长期储藏具有重要的经济学意义。

国内饲料中的真菌毒素污染主要来源于饲料中滋生的霉菌产生的毒素。霉菌以孢子的形式繁殖下一代，从热带到寒带地区都可发现霉菌的孢子，其对于寒冷、高温、干旱的气候有很强的耐受性。土壤和一些腐烂植物里存在着大量的霉菌孢子。霉菌孢子的传播介质主要是水分、空气及昆虫等。菌丝体是产生毒素的本体，当菌体发育形成孢子时，营养菌丝便开始代谢出黄曲霉毒素 B_1，并排出到周围的饲料和谷物基质中。

近年来，由于水产饲料的生产逐渐以廉价的植物蛋白取代动物蛋白，在降低生产成本的同时也增加了真菌毒素污染的风险（Sun et al.，2012）。水产饲料中多为谷物，且水产养殖发达地区多为南方沿海城市，湿热的环境与气候增加了饲料发霉的风险，水产饲料在生产和运输储藏过程中都有可能发生饲料霉变。研究表明，在湿度为 65%、温度为 22℃的标准储藏条件下，肥育猪用浓缩料两个月内真菌毒素含量变化较小，但饲料在湿度为 80%、温度为 30℃的高温高湿条件下存放 35 d 后，检测

饲料中黄曲霉毒素 B_1 含量为 20.8 μg/kg，超过浓缩料毒素限量标准 20 μg/kg（姜翠翠等，2008）。

2004 年，广西贵港市也进行了食用油中黄曲霉毒素的含量检测，对市内油厂抽取 459 份花生油样品进行检测，结果黄曲霉毒素 B_1 检出率 32.3%，超标率达 16.9%。饲料用油脂中污染也较严重（蒋惠岚等，2011）。

2008 年对广东、天津、哈尔滨三个地区春季饲料用玉米中黄曲霉毒素进行了含量检测，检出率达 100%，天津、哈尔滨地区的样品检测结果基本合格，广东地区超标率高。使用受污染的饲料原料会导致饲料产品中黄曲霉毒素超标（温琦等，2014）。

2009~2010 年奥特奇公司对中国部分地区饲料原料及配合饲料样品中 6 种常见真菌毒素污染情况进行了检测，特别是对玉米副产品中的真菌毒素进行了抽样检测，收集了 18 个地区的饲料样品，结果显示，伏马菌素、呕吐毒素和玉米赤霉烯酮含量较高，超标率分别为 19.8%、37.1% 和 50.8%，黄曲霉毒素 B_1 相对较低为 2.59%（Hsin-Yi & Rebekah，2009）。

2013 年谢云发等对青海省的 205 份猪饲料样品进行了黄曲霉毒素 B_1（AFB_1）、赭曲霉毒素 A（OTA）、玉米赤霉烯酮（ZON）、呕吐毒素（DON）含量检测。结果表明，在 156 份商品饲料中，OTA、AFB_1、DON、ZON 阳性率分别为 7.05%、16.03%、83.33%、69.87%，49 份自配饲料中，OTA、AFB_1、DON、ZON 阳性率分别为 6.12%、28.57%、85.71%、73.4%（谢云发等，2013）。

王小博等（2016）主要采用试纸检测法进行初步筛选，对初期的大批量样品进行真菌毒素含量定性检测筛选，然后采用了 ELISA 试验方法对经过初筛的样品进行定量检测。为弥补 ELISA 对单一样品的多种待测物检测要分开多次进行实验的不足，同时提高检测结果的准确性和灵敏度，获得更高分辨率和更低的检出限，最后再采用液质联用仪器建立多组分真菌毒素检测的平台，快速检测多种毒素。从测定结果可以看出，所检测的两类样品中（虾类饲料、鱼类饲料），真菌毒素污染率达 100%，且多种真菌毒素共存现象很普遍，含有 2 种及以上真菌毒素的饲料及原料样品高达 97.50%。4 种真菌毒素的污染较为普遍，其中 3 种真菌毒素的污染率达到了 97.00% 以上。AFB_1 的污染最为严重，在所检样品中检出率为 100%，最高检出量为（141.60±1.73）μg/kg，远远高于限量值，超标率更是达到 81.67%。DON、T-2 毒素的污染率也很高甚至达到 100%。检测结果表明，广东省水产饲料真菌毒素污染严重，被污染的饲料普遍存在多种真菌毒素共存，水产经济受到损失的同时，食品安全风险也大为增加。

2006 年联合国粮食及农业组织通过调查确认，全球的饲料、粮油、食品受到真菌毒素污染的情况严重，约有 8.6 亿 t 受到污染，占比 20%。Biomin 公司在 2012 年采集了 4023

个饲料样品，分别在多个国家的真菌毒素检测实验室进行检测，发现赭曲霉毒素 A、黄曲霉毒素、伏马菌素、呕吐毒素和玉米赤霉烯酮的阳性率分别为 31%、25%、56%、46% 和 64%（毕思远等，2017）。

3.2.2 水产饲料原材料中的真菌毒素残留污染

玉米作为水产饲料原料来源，可能存在多种真菌毒素，包括黄曲霉毒素、呕吐毒素、伏马菌素、T-2 毒素和玉米赤霉烯酮。这些毒素大多数可能在收获之前发生于玉米中，而在收获时存在于玉米中，但是，这种发生依赖于独特的环境条件。目前，美国食品药品监督管理局（FDA）对市售的谷物中的呕吐毒素进行了严格限制。尽管已知的真菌毒素有几百种，根据其毒性和出现概率，对水产养殖污染最严重的真菌毒素有黄曲霉毒素、赭曲霉毒素 A、单端孢霉烯毒素（呕吐毒素和 T-2 毒素）、玉米赤霉烯酮、烟曲霉毒素和串珠镰孢菌毒素。黄曲霉毒素主要由黄曲霉菌产生，由于其具有致癌性，且分布广泛，在温暖潮湿的环境中更是无处不在，所以黄曲霉毒素一直是人们关注的主要毒素。由于黄曲霉毒素在食物中低比例沉积即可产毒造成毒素超标，所以极易隐藏在饲料中危害动物健康，还会污染动物性的人类食品。因此，大多数饲料企业都把黄曲霉毒素检测作为其危害分析和关键控制点（hazard analysis and critical control point，HACCP）的内容。东北地区是我国玉米的主产区，其中吉林省是我国玉米的第一大主产省。为了评估北方玉米中真菌毒素的污染情况，笔者对东北地区及河北省主要产地的玉米中的毒素水平进行了调查，采集了包括吉林、黑龙江、辽宁和河北等省的玉米样本共 30 份。样品研磨后采用四分法进行次分样，黄曲霉毒素、呕吐毒素和玉米赤霉烯酮的检测均采用 Biopharm ELISA 检测试剂盒，操作程序和结果判定按照产品说明书规定进行。由于所分析样品有限，难以代表整个北方地区玉米真菌毒素污染水平，但由于采集的均是华北优质玉米，反映了主要玉米带真菌毒素污染水平趋势，可供参考。经 ELISA 检测，玉米样品中黄曲霉毒素 B_1、呕吐毒素和玉米赤霉烯酮的检出率为 100%。黑龙江地区的玉米中毒素相对于东北其他地区偏低一点，黄曲霉毒素 B_1、呕吐毒素和玉米赤霉烯酮含量分别为 3.96 μg/kg、730.77 μg/kg 和 487.28 μg/kg，而吉林、辽宁、河北地区的玉米样品中黄曲霉毒素 B_1 水平有逐渐升高的趋势，呕吐毒素和玉米赤霉烯酮毒素的浓度都比较高（曹冬梅，2010）。

在 2008 年、2009 年和 2010 年连续 3 个年度，从广东、广西、福建、江西、浙江、安徽、河南、山东、河北、北京和辽宁等全国多个省（自治区、直辖市）的饲料厂及养殖场客户采集饲料原料及配合饲料样品共 191 份，检测了玉米赤霉烯酮、呕吐毒素、T-2 毒素和黄曲霉毒素 B_1。结果表明，在我国大部分地区，玉米赤霉烯酮和呕吐毒素的污染情况较严重,尤其是 2009 年和 2010 年。2008 年、2009 年和 2010 年,玉米样品中玉米赤霉烯酮平均值分别为 39.4 mg/t、311.0 mg/t 和 209.6 mg/t,超标率分别为 0、20%和 19.2%。2008 年、2009 年和 2010 年,玉米样品中呕吐毒素平均值分别为 545.6 mg/t、1255.9 mg/t 和 1076.1 mg/t,超标率分别为 25%、64.3%和 47.6%。

值得注意的是,被认为毒性最强的黄曲霉毒素 B_1 在各种样品中的污染情况并不严重,3 年来玉米样品中黄曲霉毒素 B_1 平均值分别为 2.78 mg/t、1.57 mg/t 和 0.60 mg/t。

3.2.3 饲料中真菌毒素的限量标准

我国的《饲料卫生标准》(GB 13078—2011),已经先后制定了黄曲霉毒素、赭曲霉毒素、玉米赤霉烯酮、呕吐毒素、T-2 毒素 5 种真菌毒素的检测方法和限量标准。伏马菌素的检测方法和限量标准正在研究制定中。在 2010 年,美国 FDA 提出了饲料中的容忍限量,且在此之前制定了饲料中呕吐毒素、伏马菌素、黄曲霉毒素的限量标准,对其他类真菌毒素则没有限量规范,在饲料进口时,采取全面检测的政策。在加拿大食品检验署(Canada Food Inspection Agency,CFIA)发布的 RG-8 标准中,同样制定了关于赭曲霉毒素、黄曲霉毒素、HT-2 毒素、呕吐毒素、玉米赤霉烯酮、T-2 毒素、蛇形毒素、麦角生物碱共计 8 个真菌毒素的限量标准。

2006 年,欧盟修订并发布了玉米赤霉烯酮、呕吐毒素、赭曲霉毒素、伏马菌素、黄曲霉毒素 5 种饲料真菌毒素的限量标准指南(2006-576-EC),同时要求对饲料中其他真菌毒素加强监测、数据采集和检测技术研究。欧盟还发布了第(EU)250/2012 号法规,主要是针对产自日本福岛地区的食品和饲料,对《进口产或者源于日本的食品和饲料施加特殊条件的第(EU)961/2011 号执行法规》进行了修改,增加了相应的检测项目。日本也于 2002 年重新修订了日本饲料安全法规关于饲料中真菌毒素的限量标准,真菌毒素在进口饲料中的检测范围得到了扩大。我国目前也制定了饲料中各真菌毒素的限量标准:黄曲霉毒素 B_1 最低检出限 LOD 为 10 μg/kg、T-2 毒素最低检出限 LOD 为 100 μg/kg、赭曲霉毒素 A 最低检出限 LOD 为 1000 μg/kg、呕吐毒素最低检出限 LOD 为 100 μg/kg。

3.3 水产加工储藏过程中的真菌及真菌毒素的污染

水产干制品是一种中国鲜活水产品进行深加工的代表性产品,在某些沿海地区的经济发展中起着非常重要的作用(张鹏和李岩,2010)。随着近几年水产养殖业的发展及市场的需求,更多的水产品被用于干制品生产(黄碧慧等,2014)。目前,大多数水产干制品的加工还是以传统的家庭小作坊式生产为主。由于储存环境及储存条件的简陋,加上产品自身的特性，水产干制品在加工、储藏过程中，极易发生腐败霉变（张鹏和李岩，2010）。霉变不仅会使水产干制品感官变差、品质劣化、营养价值下降，同时引起霉变的一系列微生物会在特定的条件下产生真菌毒素，人摄入受真菌毒素污染的产品后，会带来严重的食品安全问题。但是，目前针对水产干制品中真菌毒素污染问题常被忽略，针对水产干制品中真菌毒素的检测研究更是鲜有报道。大部分真菌毒素性质稳定，水产干制品在后期加工过程中真菌毒素很难除去，残留的毒素具有极大的潜在危害，水产干制品中真菌毒素的残留问题值得关注。

研究人员在虾干和虾酱中发现黄曲霉菌产生黄曲霉毒素，也在烟熏鱼中发现赭曲霉菌、黄曲霉菌、黑曲霉菌。鱼、虾等水产品摄食被真菌毒素污染的饲料后，可在体内蓄积，同时在水产品加工、制作、储存过程中不易被消减，如果误食被真菌毒素污染的水产品及其制品，会对人类的健康构成巨大威胁。研究发现，在饲喂含 12.2 mg/kg T-2 毒素的饲料 20 d 后对虾肝胰腺、肠道和血液中均检测到了游离态 T-2 毒素（吴朝金等，2015），饲喂含 18 μg/kg AFB_1 饲料 42 d 后海鲈鱼肌肉中的 AFT 含量达到 4.25 μg/kg（El-Sayed & Khalil, 2009）。因此，为了保障水产品及消费者安全，在控制限量的同时建立快速高效的水产品及其制品中真菌毒素的检测方法，从而加强对水产品及其制品的监测至关重要。

王小博（2017）抽查 39 种水产干制样品，其中 12 种检测到 AFB_1，占总样量的 30.77%；7 种样品检测到了 T-2 毒素，占总样量的 17.95%；13 种样品中检测到了 OTA，占总样量的 33.33%。因此，水产干制品中 OTA、AFB_1 污染较为普遍，T-2 毒素污染次之，未出现 DON 污染。这刚好与之前水产饲料中真菌毒素的污染趋势大致相同。所有样品中均未有 DON 检出，可能是由于样品中 DON 含量低于其检出限所致。鱼类样品真菌毒素污染率为 60.00%，虾类为 50.00%，贝类为 33.33%，因此可以发现在水产干制品中，鱼类产品受到真菌毒素污染最为普遍，虾类次之，贝类相对较低。

广东为亚热带季风气候，长夏无冬，春秋相连，全年平均气温 22.3℃，同时广东地处沿海，受海洋影响较为严重，全年多雨，高温高湿的环境适合霉菌生长和产生毒素，这就导致了水产干制品在加工、储存过程中极易发生霉变进而受到真菌毒素的污染（王小博等，2016）。尤其是近年来气候多变、异常，这大大增加了水产干制品霉变、产毒的概率，同时毒素的种类及含量也会变得多样化、复杂化。因此，了解水产干制品中真菌毒素的污染现状，对食品安全体系的建立至关重要。

湛江地区水产干制品中真菌毒素污染较普遍，毒素污染率可达 53.85%，其中 AFB_1、OTA 污染较为普遍，T-2 毒素污染相对较轻，目前还未检测到 DON 污染，存在多种毒素并存的现象（王小博，2017）。鱼类产品的污染较为严重，对虾次之，贝类产品受到的污染程度相对较轻。尽管污染状况严峻，但各种毒素最高检出量远低于食品中相关毒素的限量标准。

参 考 文 献

毕思远, 王雅玲, 王小博, 等, 2017. 水产饲料中真菌毒素污染现状及风险分析[J]. 安徽农业科学, 45 (21): 92-95.
卞伯仲, 孟庆显, 俞开康, 1987. 虾类的疾病与防治[M]. 北京: 海洋出版社.
曹冬梅, 2010. 美国 DDGS 及中国北方玉米中的霉菌毒素检测[J]. 饲料广角, (24): 24-25.
陈剑山, 2007. 来自海南岛的镰刀菌的种类鉴定[D]. 海口: 华南热带农业大学.
陈心仪, 2011. 2009—2010 年中国部分省市饲料原料及配合饲料的霉菌毒素污染概况[J]. 浙江畜牧兽医, 36 (2): 7-10.
代喆, 2013. T-2 毒素诱导凡纳滨对虾肌肉品质典型性状的变化规律[D]. 湛江: 广东海洋大学.
范葵红, 1991. 中国对虾越冬期的镰孢菌病[J]. 河北渔业, (3): 11-14.
黄碧慧, 高静, 徐晓琴, 等, 2014. 水产干制品中抗生素残留的液相色谱-串联质谱测定[J]. 福建分析测试, (2): 14-19.
黄展锐, 莫冰, 王雅玲, 等, 2014. 对虾养殖环境中镰孢菌的产毒特性分析[J]. 中国渔业质量与标准, 4 (6): 59-64.
姜翠翠, 王昌禄, 王文杰, 等, 2008. 浓缩饲料中霉菌总数及霉菌毒素含量变化的研究[J]. 饲料工业, 29 (7): 22-24.
蒋惠岚, 唐承明, 段亚丽, 等, 2011. 广西地区配合饲料霉菌毒素污染状况调查研究[J]. 饲料工业, 32 (15): 59-62.
吕东海, 2001. 饲料中霉菌的危害与控制[J]. 中国饲料, (8): 28-30.
施琦, 王雅玲, 孙力军, 等, 2012. 红外-核磁共振光谱-免疫亲和柱法解析梨孢镰孢菌代谢产物成分[J]. 微生物学杂志, 32 (3): 43-46.
孙颖峰, 王雅玲, 万莉玲, 等, 2011. 芽孢杆菌抗菌肽对对虾养殖环境中镰孢菌的抑菌效应[J]. 广东农业科学, 38 (18): 95-97.
王小博, 2017. 水产品中常见真菌毒素的污染调查及对虾中残留的风险评估[D]. 湛江: 广东海洋大学.
王小博, 王雅玲, 王润东, 等, 2016. 我国南粤地区霉变水产饲料真菌毒素污染现状及毒性评价[J]. 浙江农业学报, 28 (6): 951-958.
温琦, 苏从毅, 何武顺, 等, 2014. 饲料中真菌毒素的危害与限量[J]. 饲料广角, (5): 32-36.
吴朝金, 莫冰, 王雅玲, 等, 2015. 对虾中 T-2 毒素的残留规律及其对雄性小鼠的遗传毒性效应[J]. 现代食品科技, (2): 1-6.
谢云发, 汪生贵, 韩廷义, 2013. 青海省部分地区猪饲料中霉菌毒素污染情况调查分析[J]. 家畜生态学报, 34 (10): 74-77.
俞开康, 战文斌, 周丽, 2000. 海水养殖病害诊断与防治手册[M]. 上海: 上海科学技术出版社.
战文斌, 俞开康, 孟庄显, 1993. 中国对虾镰刀菌病病原体的研究[J]. 中国海洋大学学报 (自然科学版), (2): 91-100.
张丞, 刘颖莉, 2009. 全价配合饲料及部分原料中霉菌毒素检测报告[J]. 中国奶牛, (11): 18-20.
张鹏, 李岩, 2010. 我国水产干制品行业整体状况分析[J]. 科技风, (5): 80.
赵帅, 刘均洪, 2008. 曲霉属和镰孢菌属的危害和防治[J]. 生物灾害科学, 31 (1): 7-10.
El-Sayed Y S, Khalil R H, 2009. Toxicity, biochemical effects and residue of aflatoxin B (1) in marine water-reared sea bass (*Dicentrarchus labrax* L.) [J]. Food & Chemical Toxicology, 47 (7): 1606-1609.
Hsin-Yi C, Rawlings R, 2009. 亚洲地区饲料和畜禽养殖业霉菌毒素危害的真实状况[J]. 饲料博览, (7): 14-17.
Sun L Y, Li Q, Meng F G, et al., 2012. T-2 toxin contamination in grains and selenium concentration in drinking water and grains in Kaschin-Beck disease endemic areas of Qinghai Province[J]. Biological Trace Element Research, 150 (1-3): 371-375.

第 4 章 真菌毒素对水产动物生产性能的影响

随着饲料产业、养殖技术的不断发展，过去十年，水产动物养殖和生产以近 30%的速度发展。近年来，饲料中的真菌毒素的污染严重影响着水产养殖的生产性能，制约水产养殖的进一步发展。然而目前缺乏对真菌毒素影响水产动物生产性能的研究。

真菌毒素暴露于水产动物中主要引起三个方面的危害，一是对水产动物生长的影响，主要表现为摄食率降低、增长率下降等；二是对水产动物主要代谢解毒酶的抑制效应，导致真菌毒素的代谢率降低，造成机体内毒素蓄积，引起免疫系统的损伤；三是对水产品肌肉品质的影响，真菌毒素暴露易引起肌纤维断裂、肌肉品质劣化等问题。

不同真菌毒素污染物对不同鱼虾的生产性能和健康的影响程度也不同。真菌毒素中毒症通常很难诊断，因为大多数真菌毒素中毒症状都是非特异性的。慢性真菌毒素中毒可以导致生产性能降低［如增重下降；饲料转化率（feed to cain ratio，FCR）提高］和免疫防御系统受损（如免疫能力下降；对疾病易感性提高；发生肿瘤、诱发肝脏和肾脏疾病的概率升高）。中毒症状可以随着污染时间的延长和水平的提高而表现出特异性。一些真菌毒素直接作用于消化道，但大多数真菌毒素需要被动物吸收进入血液系统之后才对靶组织产生毒性作用。水产动物生产性能主要包括水产动物的饲料利用率（摄食率）和饲料转化率、生长速率、肝重比和肥满度、存活率等。

4.1 真菌毒素对水产动物的摄食率和饲料转化率的影响

在单端孢霉烯族化合物中 T-2 毒素的毒性最强的。T-2 毒素经消化道、皮肤接触、皮下注射等暴露途径都可引发胃肠组织的损害。现在人们对 T-2 毒素的毒性研究主要在于陆生动物，特别是家禽。据报道，家禽持续摄入 3 周以上低剂量 T-2 毒素，火鸡口腔会出现坏死性损伤，小肠黏膜和肝脏上也有不同程度的损伤（Wyatt et al., 1972；邱妹，2015）。T-2 毒素能降低动物的生产性能，从而影响经济收益（Wu，2007）。不同动物对 T-2 毒素的易感性不一致，畜禽对 T-2 毒素相对敏感。发病的早期主要表现为采食量下降，体重增长慢，生长阻滞（Eriksen & Pettersson，2004）。例如，0.1 mg/kg 日粮 T-2 毒素能引起兔子的采食量下降（Kovács et al., 2013），而 4 mg/kg 日粮 T-2 毒素能显著降低 7 日龄的小鸡的饲料消耗量和体重（Brake et al., 2000）。饲喂含 4.5 mg/kg 和 13.5 mg/kg T-2 毒素饲料的试验鸡耗料量显著减少，同时伴随有生长受阻，器官的相对重量发生改变（吴彩霞和史诺彬，2007）。另外，T-2 毒素能引起鸡产蛋率降低，蛋壳变薄、变轻。10 mg/kg T-2 毒素暴露后，蛋鸡的产蛋率下降 78.9%；更高浓度的 T-2 毒素（20 mg/kg）可以使蛋壳质量发生变化（Tobias et al.，1992）。

在水产动物研究中发现，正常未染毒组的对虾的摄食率一直维持在 4% 以上，而 T-2 毒素染毒组对虾的摄食率显著低于正常组（邱妹，2015）。类似真菌毒素还有 AFB_1，AFB_1 染毒组对虾的摄食率一直下降至 3% 左右，这与对虾增重率呈现变缓的趋势一致。DON 染毒组对虾的摄食率一直下降至 2.75% 左右，这与对虾的增重率变缓的趋势一致，且随着染毒量的积累，即染毒时间的增加，试验组与对照组的摄食率相差越来越大。对虾每天的饲喂量为其体重的 5%，而 OTA 染毒对虾组的摄食率在 3.50% 内波动，摄食率降低。当污染水平提高到 4~8 mg/kg 时，观察到饲料转化率下降。同时肾脏、肝脏和胰脏组织中还观察到病变损伤。当日粮赭曲霉毒素污染水平达到 8 mg/kg 时，试验末期试验组鱼的体重只有 5 g，而对照组鱼的体重达到了 47 g（邓义佳，2016）。

4.2 真菌毒素对水产动物生长速率的影响

黄曲霉毒素通过改变肝脏功能，影响动物的健康。在幼虾（斑节对虾，*Penaeus monodon*）中低于 100 μg/L 的黄曲霉毒素 B_1 污染即可造成其生长速率下降。对鲶鱼所做的毒素试验表明 100 mg/kg 的低剂量环匹阿尼酸（cydopiazonic acid，CPA）即显著抑制生长。不同剂量组的对虾生长情况与空白剂量组比较，低剂量 T-2 毒素和空白对照组差异不显著，而高剂量组和空白对照组差异显著，说明高剂量组 T-2 毒素对凡纳滨对虾生长情况影响较大，甚至是不可逆的。若凡纳滨对虾暴露于低剂量 T-2 毒素很难从表观发现异常，从而形成潜在的食品安全风险，若进入食物链使风险放大，会造成巨大的经济损失，严重威胁人类健康。Manning 等（2003）研究发现在斑点叉尾鲖中饲喂污染 1 mg/L 赭曲霉毒素的饲料 8 周可以导致其生长抑制。

T-2 毒素染毒组对虾的增重率和特定增长率随着试验的进行明显低于对照组。试验过程中 T-2 毒素染毒组对虾达到最低特定增长率为 0.64%（Qiu et al.，2016）。AFB_1 染毒组对虾的增重率与对照组的增重率相差越来越大，即增重速率越来越慢。特定增长率处于 0.60%~0.80%。DON 染毒组对虾的增重速率越来越慢，与对照组相差越来越大。DON 染毒组对虾的特定增长率后期几乎无变化，整个试验过程中特定增长率一直低于对照组。OTA 染毒组对虾的增重率一直在升高，但增重速率没有持续升高，对虾生长较缓慢。对虾的特定增长率在 0.50%~0.90% 变化，低于正常饲养的对虾对照组（吕鹏莉，2016）。

综合分析毒素对对虾生长特性的影响（图 4-1）。随着染毒时间延长和暴露剂量的增加，与对照组相比，四种毒素均对对虾的存活率、增重率、特定增长率、摄食率产生不同程度的抑制作用，高剂量 AFB_1 长期暴露对存活率影响最大（降至对照组的 44.89%），其次是 T-2 毒素和 DON（分别为对照组的 53.06%和 51.02%），影响相对较弱的是 OTA。总体来说四种毒素对摄食率的影响不显著，对增重率和特定增长率在高剂量时的抑制表现不如存活率幅度大，但是，低剂量的 OTA 短时间暴露表现出较强的抑制性（分别为对照组45.37%和 45.77%），可能与低剂量的 OTA 的应激反应有关（吕鹏莉，2016）。

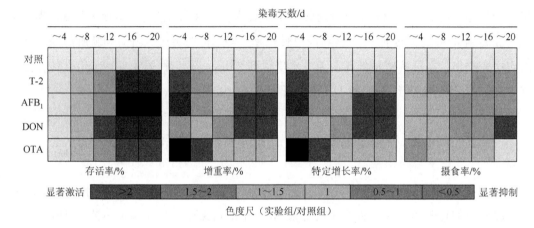

图 4-1 四种真菌毒素对对虾生长特性的影响

起始剂量为 10% LD_{50}，随后每 4 d 增长 1.5 倍，即 15%、22.5%、33.75%、50.63% LD_{50}

4.3 真菌毒素对水产动物肝重比和肥满度的影响

在真菌毒素对水产动物肝重比和肥满度的影响研究中，真菌毒素肝胰腺重和肝重比的差异是不显著的（$p>0.05$），而肌肉和体重的差异极显著（$p<0.01$），这正与 T-2 毒素阻断翻译，影响肌肉蛋白质形成的理论相吻合，而肌肉是体重的主要组成部分，是产品质量分级的重要指标。由于凡纳滨对虾的肝胰腺与其他动物的肝脏有相似的生理功能，即对进入机体的毒素有肝肠首过效应，具有解毒的功能，虽然在表观上未检测出 T-2 毒素对其造成的损伤，但可以通过肝胰腺中的代谢酶进一步阐释 T-2 毒素对肝胰腺的损伤效应（Deng et al.，2017）。黄曲霉毒素主要影响肝脏，长期的浓度低于 1 μg/L 的黄曲霉毒素污染即可导致肝细胞瘤。与银大马哈鱼和罗非鱼相比，虹鳟对黄曲霉毒素更敏感。浓度低达 25 μg/L 的黄曲霉毒素即可导致肝胰腺的病变。T-2 毒素暴露降低对对虾肥满度没有影响（$p>0.05$）（Qiu et al.，2016）。

4.4 真菌毒素对水产动物存活率的影响

在 20 d 递增染毒试验中，对照组对虾的存活率始终在 90%以上，而 T-2 毒素染毒组对虾在第 5~8 d 时存活率为 84.76%，之后一直呈下降趋势，试验结束时存活率仅为 49.52%，死亡数量过半。AFB_1 染毒组对虾在染毒第四阶段开始（染毒第 13 d）存活率低于 50%，试验结束时存活率仅 41.90%。DON 染毒组对虾试验结束时存活率为 47.62%，低于最初数量的一半。OTA 染毒组在染毒最后阶段的存活率为 58.10%，即死亡率未超过初始数量的一半。在所有圈养动物中，猪对玉米赤霉烯酮（zearalenone，ZEA）最敏感，而受影响最大的部位主要是其生殖系统，会导致成年母猪不孕或流产，雄性仔猪则出现雌性化症状，主要表现为乳头增大和睾丸萎缩。T-2 毒素暴露降低对虾存活率（1%~12%），低剂量暴露（0.5 mg/kg 和 1.2 mg/kg）的影响极显著（$p<0.01$），而高剂量暴露的影响不显著（$p>0.05$），这可能与 T-2 毒素暴露对对虾的多项免疫学指标具有低剂量刺激作用有关。T-2 毒素暴露 20 d 后对虾的增重率和特定增长率显著下降（$p<0.05$）（Qiu et al., 2016）。而吕鹏莉（2016）的研究结果表明，T-2 毒素递增剂量染毒导致对虾存活率、增重率、特定增长率和摄食率降低，属于中等蓄积，并且随着蓄积染毒剂量的增加，毒素对对虾肌肉、肝胰腺和肠道的病理损伤作用越大。AFB_1 递增剂量染毒引起对虾存活率、增重率、特定增长率和摄食率降低，试验最后阶段，不同组织器官中的毒素累积量均达到最大值，对肌肉、肝胰腺和肠道损伤严重，毒素属于明显蓄积。DON 递增剂量染毒导致对虾存活率、增重率、特定增长率和摄食率降低，属于中等蓄积，对对虾的特定增长率影响较低。OTA 递增剂量染毒导致对虾存活率、增重率、特定增长率和摄食率降低，但染毒时间较短，未计算出蓄积系数，但从染毒对虾肌肉、肝胰腺和肠道病理变化可确定对虾体内存在功能蓄积，毒素属于中等蓄积（吕鹏莉，2016）。

参 考 文 献

邓义佳, 2016. 调控肝微粒体酶对鱼/虾中常见真菌毒素危害的消减机制[D]. 湛江：广东海洋大学.
吕鹏莉, 2016. Ⅱ相关键解毒酶介导的对虾中常见真菌毒素危害控制效应[D]. 湛江：广东海洋大学.
邱妹, 2015. 对虾中隐蔽态 T-2 毒素危害特征与免疫毒性分子标记识别[D]. 湛江：广东海洋大学.
吴彩霞, 史诺彬, 2007. T-2 毒素对肉鸡器官相对重量和生产性能的影响[J]. 国外畜牧学（猪与禽），27（6）：6-7.
Brake J, Hamilton P B, Kittrell R S, 2000. Effects of the trichothecene mycotoxin diacetoxyscirpenol on feed consumption, body weight, and orallesions of broiler breeders[J]. Poultry Science, 79（6）: 856-863.
Deng Y, Wang Y, Zhang X, et al., 2017. Effects of T-2 toxin on Pacific white shrimp *Litopenaeus vannamei*: growth, and antioxidant defenses and capacity and histopathology in the hepatopancreas[J]. Journal of Aquatic Animal Health, 29（1）: 15-25.
Eriksen G S, Pettersson H, 2004. Toxicological evaluation of trichothecenes in animal feed[J]. Animal Feed Science and Technology, 114（1）: 205-239.

Kovács M, Tornyos G, Matics Z, et al., 2013. Effect of chronic T-2 toxin exposure in rabbit bucks, determination of the No Observed Adverse Effect Level (NOAEL) [J]. Animal Reproduction Science, 137 (3-4): 245-252.

Manning B B, Ulloa R M, Li M H, et al., 2003. Ochratoxin A fed to channel catfish (*Ictalurus punctatus*) causes reduced growth and lesions of hepatopancreatic tissue[J]. Aquaculture, 219 (1): 739-750.

Qiu M, Wang Y L, Wang X B, et al., 2016. Effects of T-2 toxin on growth, immune function and hepatopancreas microstructure of shrimp (*Litopenaeus vannamei*) [J]. Aquaculture, 462: 35-39.

Tobias S, Rajic I, Ványi A, 1992. Effect of T-2 toxin on egg production and hatchability in laying hens[J]. Acta Veterinaria Hungarica, 40 (1-2): 47-54.

Wu F, 2007. Measuring the economic impacts of Fusarium toxins in animal feeds[J]. Animal Feed Science & Technology, 137 (3): 363-374.

Wyatt R D, Harris J R, Hamilton P B, et al., 1972. Possible outbreaks of fusariotoxicosis in avians[J]. Avian Diseases, 16 (5): 1123-1130.

第 5 章 真菌毒素对水产动物的病理组织学损伤

目前关于水产动物暴露于真菌毒素的研究未深入展开。20 世纪 60 年代早期，科学家便发现当虹鳟食用含有 AFB_1 的饲料后，不久虹鳟便死于流行性肝细胞瘤。此后，虹鳟被作为研究 AFB_1 中毒症的主要研究对象。研究者又陆续在斑点叉尾鮰、尼罗罗非鱼等鱼类和斑节对虾、凡纳滨对虾等无脊椎动物类等进行了 AFB_1 的毒性研究（Madhusudhanan et al., 2004; Thiyagarajah & Macmillan, 1989; Yun et al., 2016），研究表明，给虾饲喂 AFB_1 后会导致其生长率降低，饲料转化率下降，并引起生理失调和组织学病变，主要是肝胰腺组织的病变。仅仅实验 10 d 后，饲喂含有低于 20 μg/kg 的 AFB_1 的饲料，即可导致对虾体重减少和死亡率升高，肝胰腺的损伤及血淋巴的生化指标的改变（Bintvihok et al., 2003）。这说明 AFB_1 暴露于水产环境中对动物的危害是潜在且具有高风险的，水产养殖经济效益随真菌毒素污染而大为降低。T-2 毒素作为污染饲料的真菌毒素之一，暴露于凡纳滨对虾后也会导致其生长速度减慢、出现免疫抑制作用、对特定靶器官损伤、死亡等症状（Supamattaya et al., 2006）。本书前期针对 T-2 毒素对凡纳滨对虾肌肉品质影响进行了深入研究，结果表明，急性暴露于凡纳滨对虾后，死亡率随暴露剂量增大而增加；低剂量暴露后肌节间隙变小，高剂量暴露后肌节间隙变大，肌纤维小片化严重，最后呈现溶融状态（代喆, 2013）。此外，T-2 毒素还具有明显的基因毒性及细胞毒性，通过水产品暴露于人体后会导致食物性中毒症状，白细胞缺乏症、DNA 和蛋白质合成受抑制等（Lutsky et al., 1978; 王雅玲等, 2012），还会干扰膜磷脂的代谢，增加肝脏中的脂质过氧化（Shifrin & Anderson, 1999）。

饲料中时常发生 DON 污染，但其对水产动物的危害鲜为人知。Pelyhe 等（2016）研究表明，在鲤鱼（*Cyprinus carpio*）喂养 4 周后机体内促炎症反应下降，磷脂氢谷胱甘肽过氧化物酶（GPX4）的基因表达增加，表明 DON 对氧自由基的产生和抗氧化防御的产生一定的影响。而研究经口暴露 DON 对鲤鱼头肾、躯干肾、脾、肝和肠道的先天免疫反应产生影响，并通过测定免疫基因 mRNA 的表达判断免疫调节性能的变化，结果表明，DON 对鲤鱼免疫调节作用的影响是通过促炎和抗炎细胞因子酶的激活来发挥作用的，在暴露 DON 26 d 后，头肾白细胞精氨酸酶的反应增加，发生亚慢性毒性反应。这些结果表明，DON 长期暴露对鱼类养殖具有深远的影响（Pietsch et al., 2015）。OTA 作为毒性较小的饲料污染真菌毒素，低剂量暴露对对虾生长和存活率没有显著影响。但饲喂高剂量的

OTA 会引起多酚氧化酶（PO）、血清碱性磷酸酶（ALP）、血清谷草转氨酶（SGOT）、血清谷氨酸-丙酮酸转氨酶（SGPT）活性下降。虽然没有观察到明显的病理改变，但不表明对肝胰腺细胞的功能无影响（Supamattaya et al.，2005）。

真菌毒素与植物代谢产物，如吲哚-3-甲醇（I_3C），发生互作，毒性会增强。Oganesian 等（1999）对此作了详尽的描述，研究发现，随着日粮中 I_3C 添加水平的提高，饲喂污染黄曲霉毒素日粮的虹鳟发生肝脏肿瘤的概率也提高。当日粮中没有添加真菌毒素和 I_3C 时，肿瘤的发生概率是 20%；当日粮中添加 250 μg/L 的黄曲霉毒素 B_1 和 1250 mg/kg 的 I_3C 时，肿瘤的发生概率提高到 80%。

5.1 肌肉组织

5.1.1 T-2 毒素对对虾肌肉组织结构的影响

T-2 毒素可诱导大脑中神经小分子变化和血清素活性变化，致使动物食欲下降和肌肉协调产生问题。吕鹏莉（2016）研究发现 T-2 毒素对对虾肌肉病理组织有急性毒性作用，发现暴露 T-2 毒素后的凡纳滨对虾肌肉横切图的肌束呈平行排列。空白对照组的凡纳滨对虾肌肉结构完整，肌纤维排列致密，肌节较丰满，仅有少量的间隙。低剂量时，肌纤维会变得更加致密，间隙变小；当 T-2 毒素暴露剂量大于 1 mg/kg 时，肌纤维间隙不断变大并发生断裂的现象，出现小片化，肌节间隙逐渐增大，肌纤维结构由致密变得松散。T-2 毒素为 2 mg/kg 时，前期出现肌节间隙变大，小片化和断裂情况严重，直至溶融。同一剂量组的肌肉组织切片随着时间的推移呈现相同的变化趋势。第 5 d 时，肌肉的肌纤维小片化程度严重，随着时间的推移，肌肉组织开始自我修复，肌纤维的间隙逐渐减小，肌肉组织开始变得整齐，随即又会发生肌纤维间隙变大并伴随断裂现象（图 5-1）。

肌肉收缩的物质基础是肌纤维，肌纤维结构的改变可能会影响肌肉的收缩功能。一定剂量的 T-2 毒素对凡纳滨对虾肌肉组织结构产生不同程度的损伤。肌节间隙的增大可能是因为 T-2 毒素使肌节产生收缩和聚合，促使间隙增大；由于体内蛋白酶的作用，肌纤维与

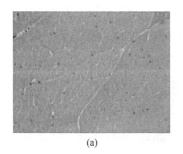
(a)
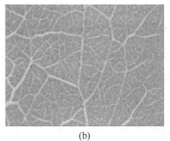
(b)
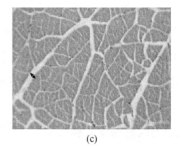
(c)

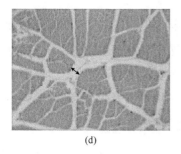 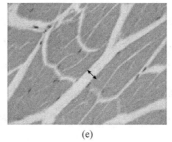 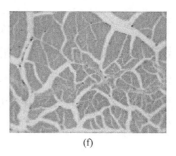

图 5-1　T-2 毒素递增剂量染毒对对虾肌肉显微结构的影响（400×）

肌内膜发生脱离，细胞间的连接力减弱，肌纤维的收缩作用逐渐消失，间隙有所减少。随着肌肉组织尤其是结缔组织不断地降解，肌纤维会发生断裂和小片化，最终会导致肌节间隙的增大，肌纤维结构会由致密变得疏松，肌纤维和肌纤维间隙的面积比例是评价肌肉组织结构变化和肉质优劣常用的指标，肌纤维面积比例越大，肌纤维间隙面积比例越小，说明肌肉组织越致密，肉质越好。T-2 毒素急性暴露可导致肌纤维间隙面积比例增大，导致对虾肌肉品质劣化，但具体的量效关系还有待进一步研究（王雅玲等，2015）。

肌原纤维的特性直接决定着肉质好坏，其肌纤维密度越大，说明肌肉品质越细嫩。凡纳滨对虾按 20 d 固定剂量法饲喂 T-2 毒素，结果发现 T-2 毒素暴露对对虾肌肉组织具有显著的影响。对照组的肌原纤维间隙、肌节长度均一、有序、密度较大且排列紧密。肌肉细胞核呈黑蓝色，分布均匀。随着饲料中 T-2 毒素浓度的增加，肌纤维断裂或者小片化增多，肌节逐渐分离，肌纤维结构逐渐变得疏松而出现很多"缝隙结构"甚至变形。0.5 mg/kg T-2 毒素暴露后，对虾肌纤维间隙变大，肌纤维密度略有下降。随着 T-2 毒素暴露剂量不断增加，肌纤维逐渐裂解，长度变短，且变得松散、小片化，肌纤维间隙不断变大。当暴露剂量达到 12.2 mg/kg 时，肌原纤维严重断裂，形成大量肌原纤维碎片，且肌纤维间隙严重增大，细胞核溶解。这与王雅玲等（2015）报道的 T-2 毒素急性暴露对凡纳滨对虾肌肉组织显微结构的变化一致，且与高剂量时对虾肌肉质构特性变化规律相符，即高剂量 T-2 毒素暴露与低剂量暴露相比肌肉硬度、弹性、黏附性等指标明显下降，肌肉变得松散无弹性，品质下降（图 5-1）（邓义佳等，2017；邱妹，2015）。

邓义佳等（2017）研究了 T-2 毒素暴露对对虾肌肉自溶微观结构的影响，结果发现 T-2 毒素对对虾的肌原纤维蛋白（由肌动蛋白、肌动球蛋白和肌球蛋白等组成），对肉制品的凝胶特性均有显著的影响（图 5-2）（唐雪等，2012）。肌原纤维蛋白的断裂和溶解会显著影响肉制品的品质。扫描电镜下可清晰观察到对照组对虾肌肉的肌原纤维排列整齐有规律、紧密，肌原纤维结构完整。在 0.5 mg/kg T-2 毒素暴露剂量下，肌原纤维开始部分断裂，呈现松弛状态，但纹理还较为清晰。随着 T-2 毒素暴露剂量升高，肌微丝出现排列紊乱，部分肌原纤维局部断裂、溶解，纤维间隔变得模糊，高剂量暴露后肌原纤维溶解严重，并伴随有空洞的形成，已经不能找到完整的肌原纤维结构，说明 T-2 毒素暴露可直接导致对虾肌肉蛋白质变性自溶，肌原纤维严重受损。肌肉水解液中的氨基酸态氮与可溶性蛋白溶出量不断减少，这说明 T-2 毒素不仅破坏溶解酶的活性，且直接作用于肌肉组织，致使肌动球蛋白、肌球蛋白和肌动蛋白等肌原纤维蛋白网状结构被改变，连接相邻骨骼肌的 Z 线断裂或消失，破坏了肌原纤维的完整性，使其变得松散和溶解。

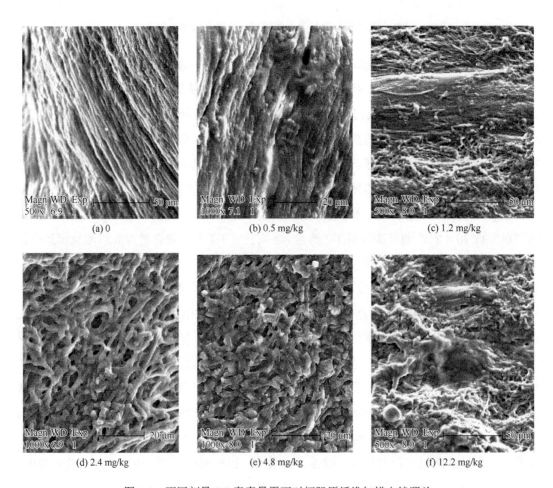

图 5-2　不同剂量 T-2 毒素暴露下对虾肌原纤维扫描电镜照片

5.1.2　AFB_1 对对虾肌肉组织结构的影响

通过定期递增剂量法研究 AFB_1 对对虾肌肉显微结构的影响中发现，AFB_1 递增剂量染毒对对虾的肌肉横切面组织结构、肌束均有显著的影响。如图 5-3a（对照组）所示，对虾饲喂正常无毒饲料，肌肉切片结构完整，肌纤维紧密排列，肌纤维无间隙或很小，周围细胞核均匀分布；由图 5-3b 可看出对虾肌纤维间出现间隙，肌节之间呈现分离现象,细胞核数量变少;图 5-3c 为对虾染毒第二阶段(第 5~8 d),肌肉出现小片化溶融现象;图 5-3d 中对虾肌肉松散,肌纤维间隙变大,出现断裂现象,小片化溶融现象加重;由图 5-3e 可观察到肌纤维溶解现象严重,肌肉大面积受损,细胞核颜色加深,数量减少;图 5-3f 和图 5-3e 比较,肌纤维溶解面积加大,且肌纤维间隙也增大,肌肉组织结构受毒素影响严重,碎片化现象加剧,细胞核大部分消失。整体来说,随着染毒剂量的加大,染毒时间的加长,毒素对对虾肌肉的损害程度越深,破坏越大(图 5-3)。

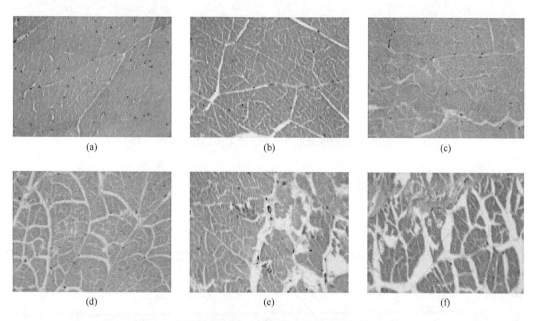

图 5-3　AFB_1 递增剂量染毒对对虾肌肉显微结构的影响(400×)

5.1.3　DON 对对虾肌肉组织结构的影响

通过定期递增剂量法研究 DON 对对虾肌肉显微结构的影响发现,DON 递增剂量染毒对对虾的肌肉横切面组织结构有着十分显著的影响。图 5-4a 为对照组,饲喂正常无毒饲料,肌肉切片结构完整,肌纤维紧密排列,肌间无间隙或很小,周围细胞核均匀分布;图 5-4b 和图 5-4c(染毒第二阶段和第三阶段)中肌纤维间隙越来越大,大于空白对照组,细胞核数量开始减少,且图 5-4c 肌纤维断裂,肌肉小片化严重;图 5-4d 肌纤维出现溶解现象,肌纤维间隙相较于对照组继续增大,肌肉扭曲变形;图 5-4e 中,肌纤维溶解现象严重,肌束断裂,碎片化加剧,肌束膜大部分溶解;图 5-4f 中,肌肉松散排列,细胞核大部分消失,肌纤维大面积溶解,肌肉结构被严重破坏。由此可知染毒时间越长,剂量越大,对对虾肌肉结构的影响越大,损伤作用越严重。

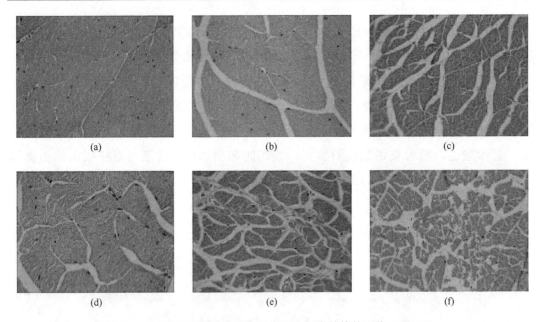

图 5-4　DON 递增剂量染毒对对虾肌肉显微结构的影响（400×）

5.1.4　OTA 对对虾肌肉组织结构的影响

通过定期递增剂量法研究 OTA 对对虾肌肉显微结构的影响发现，OTA 染毒对对虾肌肉组织结构同样有着显著的影响，图 5-5a 为对照组，其余 5 个阶段的肌肉病理切片如图 5-5（b～f）

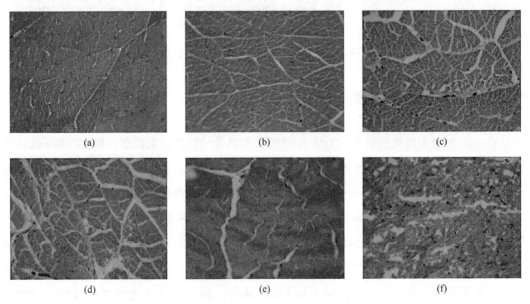

图 5-5　OTA 递增剂量染毒对对虾肌肉显微结构的影响（400×）
a～f 分别是 0 d，1～4 d，5～8 d，9～12 d，13～16 d，17～20 d 阶段染毒剂量组

所示，图 5-5b 中，对虾肌肉间出现间隙，细胞核数量减少；图 5-5c 中，肌肉切片间隙更大，小片化严重，肌节出现断裂现象；图 5-5d 中肌节间隙持续增大，肌纤维结构松散，小面积肌肉出现溶解现象；图 5-5e 中出现肌肉大面积溶解，大面积受损，肌纤维断裂，肌肉结构不分明；图 5-5f 中，细胞核溶出，肌肉溶解严重，呈现小片化，肌节断裂程度深。

5.2 消化系统

5.2.1 T-2 毒素递增剂量染毒对对虾肠道显微结构的影响

T-2 毒素属于组织刺激因子和致炎物质，它能直接损伤皮肤和黏膜（易中华，2008）。肠道是动物正常摄食、消化吸收的主要场所之一。多种真菌毒素对消化系统有损害作用，T-2 毒素经消化道进入动物体内，会导致消化道黏膜损伤，进而影响动物对营养物质的吸收致使体重下降（Sokolović et al., 2008）。T-2 毒素能引发动物皮肤的出血性和坏死性皮炎，Wyatt 等（1975）报道鸡从开始孵化到成长至三周时间内摄入 4～16 mg/kg T-2 毒素后便会出现腿部皮肤褪色、肉冠发绀等症状。按定期递增剂量法饲喂 T-2 毒素给凡纳滨对虾，观察染毒 4 d 后的肠道样本，发现肠道细胞结构规则；染毒 7 d 后，细胞形态模糊不清，细胞质中可见被染成棕色的物质出现，并且有强嗜碱性颗粒出现（施琦，2013）。

凡纳滨对虾按 20 d 固定剂量法饲喂 T-2 毒素，图 5-6a 对照组中肠管壁组织由内向外依次为上皮细胞（A）、基膜（B）、肌肉（C）、结缔组织（D）。中肠壁由单层的柱状细胞组成，细胞核呈椭圆形，其位置位于细胞顶部。基膜着色比较深，结构紧密。肌层在肠道的蠕动、物质运输和吸收中起重要作用。中肠结缔组织中血隙比较多（d 血隙）。图 5-6a 中肠道发育良好，上皮细胞排列整齐，细胞质中液泡多，大小不等，褶皱发达，在腔内形成迷路状结构，有增加消化与吸收面积的作用。图 5-6b 中上皮细胞肿大（炎症性状），细胞核缩小，褶皱高度变小，基膜和肌层结构松散。图 5-6c 中褶皱稀疏，整个肠肿大，即炎症增加。结缔组织出现大空泡状结构。图 5-6d 中肠壁缩小，基膜变薄，上皮细胞脱落。图 5-6e 中基膜和肌层开始溶解，结缔组织中空泡增加。图 5-6f 中黏膜严重萎缩，绒毛排列紊乱、稀疏，外壁结构损伤严重（邱妹，2015）。

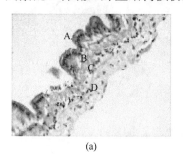
(a)

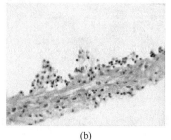
(b)

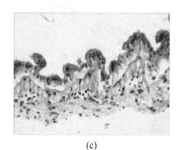
(c)

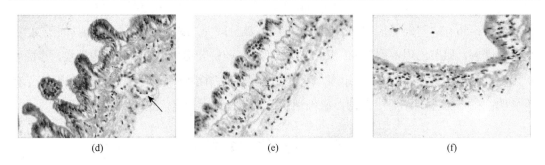

图 5-6 T-2 毒素递增剂量染毒对对虾肠道显微结构的影响（400×）

5.2.2 AFB$_1$ 递增剂量染毒对对虾肠道显微结构的影响

凡纳滨对虾按 20 d 固定剂量法饲喂 AFB$_1$ 毒素，结果见 AFB$_1$ 递增剂量染毒试验组不同阶段对对虾的肠道病理切片图（图 5-7）。图 5-7a 为正常肠道组织切片，可看出对虾肠道上皮细胞排列整齐，黏膜下层结构良好，组织结构清楚，细胞器结构良好，试验组对虾肠道病理损伤程度明显高于对照组；图 5-7b 为初始染毒阶段对虾肠道病理切片图，图中肠道上皮下间隙增大，上层绒毛顶端部分受损，褶皱相较于正常肠道高度变低；图 5-7c 中对虾肠道上层绒毛几乎无褶皱；图 5-7d 中对虾肠道结构肿大，黏膜上皮间隙增宽，结构破坏，绒毛萎缩甚至崩解；图 5-7e 中，肠道肌层受损严重，细胞间紧密性遭破坏，纹状缘平滑无褶皱，这将导致对虾消化功能受损，影响生长；图 5-7f 中，对虾肠道病理损伤较严重，肌层变薄，易受损，虽存在绒毛，但绒毛结构疏松，黏膜层和黏膜下层不易辨别，纹状缘肿大。

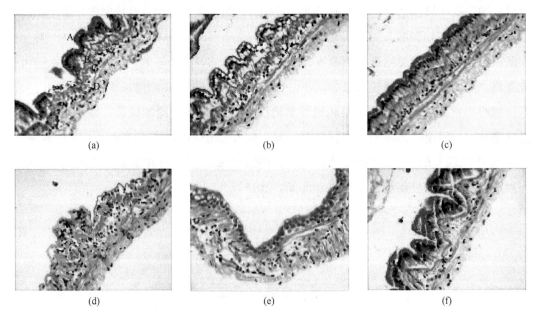

图 5-7 AFB$_1$ 递增剂量染毒对对虾肠道显微结构的影响（400×）

5.2.3 DON 递增剂量染毒对对虾肠道显微结构的影响

凡纳滨对虾按 20 d 固定剂量法饲喂 DON 毒素，观察 DON 递增剂量染毒试验组不同阶段对虾的肠道病理切片。图 5-8a 为正常肠道组织切片，切片中对虾肠道上皮细胞排列整齐，黏膜下层结构良好，组织结构清楚，细胞器结构良好；试验组对虾肠道存在不同程度的损伤，图 5-8b 和图 5-8c 分别为染毒前两个阶段的对虾肠道病理切片，对虾肠绒毛几乎无褶皱，影响对虾的消化，这与 DON 会引起对虾呕吐、消化不良有关，且图 5-8b 中对虾肠道黏膜下层和肌层之间分散，连接不紧密，图 5-8c 中，对虾肠道肌层变薄，细胞核颜色加重；图 5-8d 中，对虾肠道绒毛虽存在褶皱，但纹状缘、黏膜层和肌层分散严重，影响正常功能的运行，且多数细胞核溶出；对虾在染毒第四阶段（图 5-8e），出现炎症，肌层出现空泡；图 5-8f 中，纹状缘凸出，不平滑，肌层萎缩变薄，易受外界损伤，保护能力变弱，组织结构疏松，受损伤程度较严重。

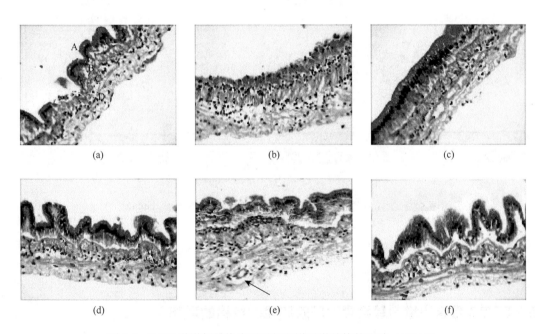

图 5-8 DON 递增剂量染毒对对虾肠道显微结构的影响（400×）

5.2.4 OTA 递增剂量染毒对对虾肠道显微结构的影响

凡纳滨对虾按 20 d 固定剂量法饲喂 OTA，结果发现 OTA 递增剂量染毒对对虾肠道的显微结构有着显著的影响。图 5-9a 为正常肠道组织切片；图 5-9b 为初始染毒对虾肠道显微结构图，可看出对虾肠道褶皱较少，肠道结构肿大，黏膜层肿大严重，细胞核外溶；图 5-9c 中，肠道出现炎症，肠壁变薄，肌层出现空泡；图 5-9d 中，绒毛崩解，与黏膜层脱落，且黏膜层肿大，炎症严重，呈现较深颜色；随着染毒试验的进行，黏膜层继续红肿胀大，结构被破坏（图 5-9e），绒毛杂乱排列，肌层炎症较严重，肠道又出现肿大现象，影响对虾的消化和营养的吸收，危害对虾健康；图 5-9f 中对虾肠道受损严重，肠道绒毛几乎全部脱落，黏膜层结构松散，黏膜下层部分溶解，结构不分明。

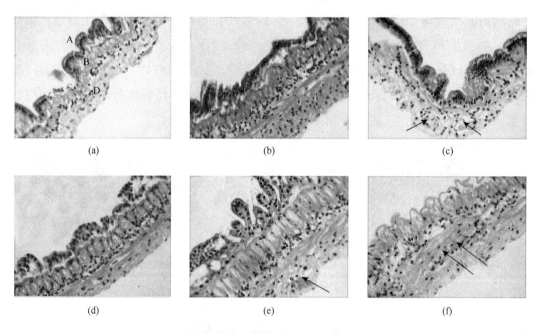

图 5-9 OTA 递增剂量染毒对对虾肠道显微结构的影响（400×）

5.3 肝脏等解毒器官

5.3.1 T-2 毒素递增剂量染毒对肝胰腺显微结构的影响

凡纳滨对虾按 20 d 定期递增剂量法饲喂 T-2 毒素，结果发现 T-2 毒素造成凡纳滨对虾肝胰腺的肉眼变化，主要表现为肝胰腺的颜色为红褐色、肿大，1.2 mg/kg 组对虾的肝胰腺糜烂变成稀水状。肝胰腺为对虾的重要器官，肝胰腺病变会影响其功能的发挥，进而影响对虾的健康。根据结构和功能的不同分为 B、E、F 和 R 四种细胞：B 细胞（blasenzellen cells）为分泌细胞、E 细胞（embryonalzellen cells）为胚细胞、F 细胞（fibrenzellen cells）为纤维细胞和 R 细胞（restzellen cells）为吸收细胞（存储细胞）。B 细胞具有吸收、消化、分泌和排泄的功能；E 细胞是一种未分化的胚性细胞，其功能是通过分裂分化产生其他肝细胞，从而补充损耗的细胞；F 细胞具有超强的蛋白质合成功能；R 细胞主要从管腔中吸收营养物质。图 5-10（b～f）分别为 T-2 毒素递增剂量染毒法 5 个染毒阶段对虾肝胰腺显微镜观察下的病理切片图，图 5-10a 为正常对虾的切片图。整体观察可知，T-2 毒素对对虾肝胰腺的毒性作用主要表现为细胞肿大、细胞核固缩、细胞膜脱落甚至溶解。其中图 5-10a 中，C 为基底膜；对虾正常肝胰腺组织（图 5-10a）由许多肝小管组成，肝小管又由基膜和单层柱状细胞构成，细胞核分布均匀，肝小体排列紧密有序，基底膜与细胞之间紧密相接，管腔呈星形，吸收细胞紧密排列；图 5-10b 中，大部分细胞呈现空泡化，细胞核数量减少，且大多数细胞核溶出；图 5-10c 细胞发生收缩现象，肝小体排列疏松，其间间隙变大，且间隙间存在许多细胞核；图 5-10d 中细胞核溶出现象严重，肝小体肿大，同样大小的视野中肝小体很少，基底膜开始溶解，肝小体之间的间隙相较于图 5-10c 更大；图 5-10e 中能够看到明显的基质膜脱离并溶解现象，细胞空泡化严重，大部分吸收细胞溶解，细胞核溶解消失；图 5-10f 中肝小体继续肿大，细胞核完全消失，细胞趋于溶解状态，星形管腔巨大。

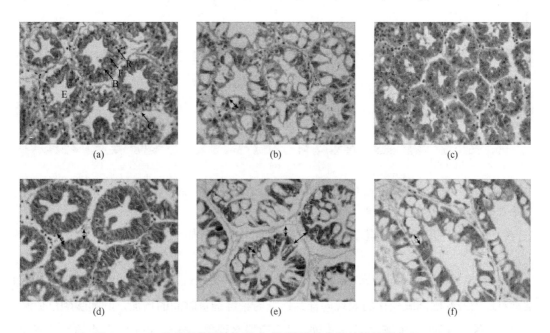

图 5-10　T-2 毒素递增剂量染毒对对虾肝胰腺显微结构的影响（400×）

5.3.2 AFB$_1$ 递增剂量染毒对肝胰腺显微结构的影响

凡纳滨对虾按 20 d 定期递增剂量法饲喂 AFB$_1$，结果发现 AFB$_1$ 染毒对虾肝胰腺的肉眼变化主要表现为：随着染毒剂量时间的增加，肝胰腺颜色加深，肿大，最后染毒阶段的肝胰腺严重萎缩。如图 5-11 所示，与对照组（图 5-11a）相比，图 5-11b 中出现细胞空泡化，肝小体的星形管腔结构丧失，肝小体无序堆积，细胞之间散落有坏死的细胞核，分泌细胞减少；图 5-11c 中，大部分细胞空泡化，细胞核溶出分布在肝小体间隙中，并可观察到基质膜脱离；图 5-11d 中，细胞收缩，肝小体颜色变深，细胞核数量减少，肝小体之间间隙加大；图 5-11e 中能明显地看到基质膜脱落并伴有部分溶解现象，肝小体结构破坏，不成形，细胞完整性被破坏；图 5-11f 中，肝胰腺肿大并呈现溶融状态，肝小体完整性被破坏，管腔星形不存在。

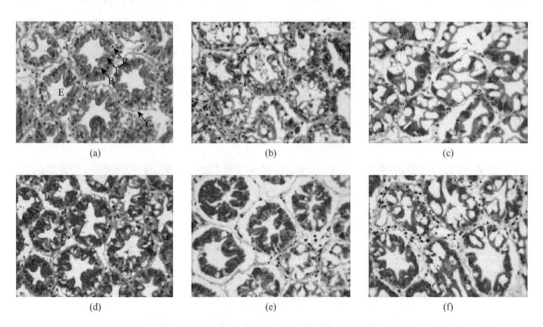

图 5-11　AFB$_1$ 递增剂量染毒对对虾肝胰腺显微结构的影响（400×）

5.3.3 DON 递增剂量染毒对肝胰腺显微结构的影响

凡纳滨对虾按 20 d 定期递增剂量法饲喂 DON，结果发现同 AFB$_1$ 染毒对虾一样，DON 染毒对虾的肝胰腺肉眼变化的表现同样为：随着染毒剂量时间的增加，肝胰腺颜色加深，肿大，最后染毒阶段的肝胰腺严重萎缩，甚至有脱水现象。图 5-12b 中，肝小体管腔变大，大部分细胞核溶出，开始出现细胞空泡化；图 5-12c 中，细胞空泡化严重，基质膜脱离，肝小体排列松散，细胞核溶出或消失；图5-12d中，肝小体开始萎缩、退化，肝小体之间结构松散，不成规则，细胞核固缩，大部分溶出；图5-12e中，基质膜破裂，肝小体不受束缚，密集地堆在一起，变形排列，严重退化；当染毒达到最高阶段时，如图5-12f所示，肝小体溶融，数量变少，结构被破坏，管腔星形不存在。

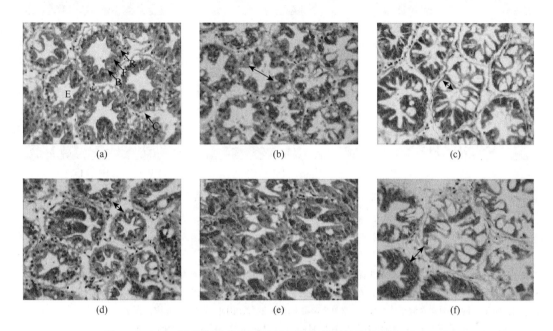

图5-12 DON递增剂量染毒对对虾肝胰腺显微结构的影响（400×）

5.3.4 OTA递增剂量染毒对肝胰腺显微结构的影响

凡纳滨对虾按20 d定期递增剂量法饲喂OTA，结果发现随着染毒试验的进行，OTA染毒对虾肝胰腺颜色变深，肿大，随着染毒剂量的加大，肝胰腺逐渐溶融。图5-13为OTA毒素染毒对虾的肝胰腺病理切片图（a：正常对照组；b~f：依次为染毒的五个阶段）。图5-13a为正常对虾肝胰腺显微结构图，管腔呈星形，基底膜完好无损，肝小体有序排列，排列紧密；图5-13b中，肝小体出现萎缩现象，间隙变大，肝小体疏松排列，细胞核溶出，细胞出现空泡化；分泌细胞（B）减少；图5-13c中，细胞萎缩严重，吸收细胞（R）和分泌细胞（B）都减少，细胞间散落大部分细胞核，基底膜开始溶解；图5-13d中虽然也存在萎缩肝小体，但更多的空泡化是主要现象，肝小体膨胀，大部分细胞核消失不见；对虾染毒第四阶段（图5-13e），肝胰腺损伤严重，细胞开始溶解程度加深，到试验的最后阶段（图5-13f），肝小体结构涣散，肿大，溶融，细胞核几乎不可见，肝小体完整性遭到严重损坏。

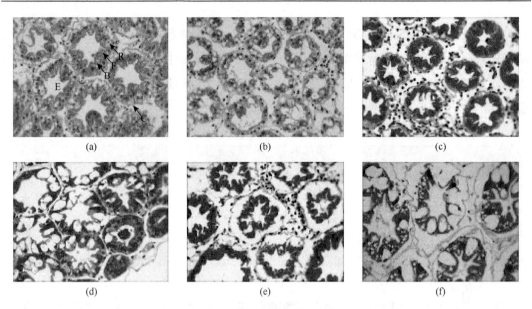

图 5-13 OTA 递增剂量染毒对对虾肝胰腺显微结构的影响（400×）

参 考 文 献

代喆，2013. T-2 毒素诱导凡纳滨对虾肌肉品质典型性状的变化规律[D]. 湛江：广东海洋大学.

邓义佳，王雅玲，莫冰，等，2017. T-2 毒素对凡纳滨对虾肌肉品质特性和自溶作用强度的影响[J]. 食品科学，（7）：17-22.

吕鹏莉，2016. Ⅱ相关键解毒酶介导的对虾中常见真菌毒素危害控制效应[D]. 湛江：广东海洋大学.

邱妹，2015. 对虾中隐蔽态 T-2 毒素危害特征与免疫毒性分子标记识别[D]. 湛江：广东海洋大学.

施琦，2013. T-2 毒素的自然发生与降解及其在对虾中的蓄积规律[D]. 湛江：广东海洋大学.

唐雪，赵瑞英，于玮，等，2012. 蛋氨酸及其羟基类似物对肉鸡肌肉蛋白质合成及质构特性的影响[J]. 食品工业科技，33（23）：53-56.

王雅玲，代喆，孙力军，等，2015. T-2 毒素对凡纳滨对虾的经口急性毒性效应研究[J]. 现代食品科技，（1）：43-47.

王雅玲，励建荣，孙力军，2012. 养殖对虾 T-2 毒素蓄积危害研究现状[J]. 中国食品学报，12（12）：123-129.

易中华，2008. 单端孢霉烯对动物免疫系统的影响[J]. 畜禽业（8）：34-35.

Bintvihok A, Ponpornpisit A, Tangtrongpiros J, et al., 2003. Aflatoxin contamination in shrimp feed and effects of aflatoxin addition to feed on shrimp production[J]. Journal of Food Protection，66（5）：882.

Lutsky I, Mor N, Yagen B, et al., 1978. The role of T-2 toxin in experimental alimentary toxic aleukia: a toxicity study in cats[J]. Toxicology & Applied Pharmacology，43（1）：111-124.

Madhusudhanan N, Kavithalakshmi S N, Radha K S, et al., 2004. Oxidative damage to lipids and proteins induced by aflatoxin B（1）in fish（Labeo rohita）-protective role of Amrita Bindu[J]. Environmental Toxicology & Pharmacology，17（2）：73-77.

Oganesian A, Hendricks J D, Pereira C B, et al., 1999. Potency of dietary indole-3-carbinol as a promoter of aflatoxin B1-initiated hepatocarcinogenesis: results from a 9000 animal tumor study[J]. Carcinogenesis，20（3）：453-458.

Pelyhe C, Kövesi B, Zándoki E, et al., 2016. Effect of 4-week feeding of deoxynivalenol-or T-2-toxin-contaminated diet on lipid peroxidation and glutathione redox system in the hepatopancreas of common carp（Cyprinus carpio L.）[J]. Mycotoxin Research，32（2）：77-83.

Pietsch C, Katzenback B A, Garcia-Garcia E, et al., 2015. Acute and subchronic effects on immune responses of carp（Cyprinus carpio L.）after exposure to deoxynivalenol（DON）in feed[J]. Mycotoxin research，31（3）：151-164.

Shifrin V I, Anderson P, 1999. Trichothecene mycotoxins trigger a tibotoxic stress response that activates c-Jun N-terminal kinase and p38 mitogen-activated protein kinase and induces apoptosis[J]. Journal of Biological Chemistry，274（20）：13985-13992.

Sokolović M, Garajvrhovac V, Simpraga B, 2008. T-2 toxin: incidence and toxicity in poultry[J]. Archives of Industrial Hygiene & Toxicology, 59 (1): 43-52.

Supamattaya K, Bundit O, Boonyarapatlin M, et al., 2006. Effects of Mycotoxins T-2 and Zearalenone on growth performance immuno-ohysiological parameters and histological changes in Black tiger shrimp (*Penaeus monodon*) and white shrimp (*Litopenaeus vannamei*) [C]//XII International Symposium of Fish Nutrition & Feeding, (41): 218-221.

Supamattaya K, Sukrakanchana N, Boonyaratpalin M, et al., 2005. Effects of ochratoxin A and deoxynivalenol on growth performance and immuno-physiological parameters in black tiger shrimp (*Penaeus monodon*) [J]. Songklanakarin Journal of Science & Technology, 27 (Suppl. 1): 91-99.

Thiyagarajah A, Macmillan J R, 1989. A preliminary study of the physiological impact of aflatoxin B1 on channel catfish (*Ictalurus punctatus*) [J]. Marine Environmental Research, 28 (1): 543.

Wang Y, Liu L, Huang J, et al., 2016. Response of a Mu-class glutathione S-transferase from black tiger shrimp *Penaeus monodon* to aflatoxin B1 exposure[J]. SpringerPlus, 5 (1), 825.

Wyatt R D, Hamilton P B, Burmeister H R, 1975. Altered feathering of chicks caused by T-2 toxin[J]. Poultry Science, 54 (4): 1042.

第6章 真菌毒素对水产动物的肌肉品质的影响

1960年美国虹鳟鱼场暴发的恶性肝细胞瘤流行病事件，是棉籽饼中含有黄曲霉毒素引起的，这一事件引起研究者对水产动物中真菌毒素危害的极大关注。20世纪70年代联合国有关组织便开始重视对人类及动物健康造成危害的真菌毒素，1977年在联合国粮食及农业组织（FAO）、世界卫生组织（WHO）和联合国环境规划署（United Nations Environment Programme，UNEP）联席会议上，列举出危及人和动物健康的7种真菌毒素（朱钦龙，1993）。之后又发现更多的真菌毒素，其中黄曲霉毒素研究较为深入，但是关于T-2毒素的研究却较为罕见。至于真菌毒素对虾类影响的研究，特别是病理学的研究还不多见。其结果是造成水产养殖者对真菌毒素会引起虾类中毒的可能性认识不足。最近关于真菌毒素与人类疾病的研究进展迅速并取得了许多重大进步，其中首推T-2毒素与大骨节病的病因研究。有学者认为克山病与病区产谷物黄绿青霉污染有关，用黄绿青霉素进行动物实验，结果发现动物出现心肌变性和坏死现象（杨建伯和杨秋慧，2000）。

6.1 T-2毒素对对虾食用品质的影响

6.1.1 T-2毒素对对虾感官品质的影响

研究人员发现凡纳滨对虾（*L.vannamei*）相对于其他甲壳类动物和硬骨鱼类而言，对真菌毒素更具有耐受性，说明真菌毒素极易在凡纳滨对虾中蓄积，并可以残留在对虾食品中。真菌毒素如果在虾体内富集，那么就会沿食物链出现生物放大现象，进而影响对虾品质。在上百种已认知的真菌毒素中，T-2毒素因是典型的强毒性真菌毒素而倍受关注。因此探明其对凡纳滨对虾中的感官品质的影响具有重大意义。

邓义佳等（2017）在前期研究中发现，T-2毒素暴露对对虾品质影响较难从感官评价上得出。T-2毒素对生鲜虾肉的品质感官评分结果表明（表6-1），T-2毒素暴露剂量达到4.8 mg/kg时，对虾体表色泽分数较对照组显著降低（$p<0.05$），并导致生鲜虾体呈现红色，且剂量越大越明显。但不同剂量T-2毒素暴露对对虾气味及体态影响不显著，评分均在4.5分以上，与对照组相比不存在显著差异（$p>0.05$）。染毒剂量组的对虾感官评定总分均低于对照组，然而不存在显著差异（$p>0.05$），各剂量组感官评价总分均达到10分以上，不低于食用的标准。综合感官评价分析，除了通过体表色泽判断对虾品质变化以外，较难通过对虾气味、体态及感官总分差异来判断 T-2 毒素对生鲜虾肉品质的影响，因此应通过具体理化指标进行深入分析（邓义佳等，2017）。

表 6-1　T-2 毒素暴露后对虾品质感官评分结果

项目	剂量组/(mg/kg)					
	0	0.5	1.2	2.4	4.8	12.2
体表色泽	4.23±0.54ª	4.14±0.31ª	3.82±0.25ª	3.54±0.33ª	3.09±0.54ᵇ	3.32±0.27ᵇ
气味	4.91±0.28ª	4.83±0.24ª	4.88±0.44ª	4.84±0.28ª	4.82±0.25ª	4.73±0.33ª
体态	4.93±0.48ª	4.71±0.37ª	4.79±0.32ª	4.73±0.34ª	4.84±0.28ª	4.69±0.52ª
总分	14.07±1.30ª	13.68±0.92ª	13.49±1.01ª	13.11±0.95ª	12.75±1.07ª	12.74±1.12ª

注：a、b 在同行字母中，相同表示差异不显著，不同则表示差异显著（$p<0.05$）。

6.1.2　T-2 毒素对对虾色泽的影响

T-2 毒素对肌肉的 L^*（亮度值）、a^*（红绿值）影响不显著（$p>0.05$），对 ΔC（色差）、ΔE^*（总色差）影响显著（$0.01<p<0.05$），而对 b^*（黄蓝值）和 H（色相）影响极显著（$p<0.01$）（表 6-2）。特别是在 2.4 mg/kg 剂量组的 b^* 和 H 值明显不同于其他各组。凡纳滨对虾机体富含虾青素，虾肉变色可能是由于 T-2 毒素造成凡纳滨对虾机体蛋白质分解，虾青素被逐渐分解并被氧化。由于虾体存在大量的聚 2,6-二甲基-1,4-苯醚（PPO），易与体内的物质反应，产生黑色素，使得虾体颜色变深。L^* 的变化趋势与肌肉 PPO 活性的变化趋势一致。a^* 的增大说明虾体颜色有变红的趋势，而虾体变红是机体病变甚至是肌肉腐坏的标志，H 的增大说明虾机体的整体色调的暗化，而这与 PPO 活性有直接关系（代喆，2013）。

表 6-2　饲料中 T-2 毒素不同剂量对对虾肌肉色差的影响

T-2 毒素剂量/(mg/kg)	L^*	a^*	b^*	C①	H	ΔE^*
0	57.93±0.63	−5.11±3.17	−9.06±0.98ª	11.39±0.49ᵇ	242.31±17.15ᵇ	15.45±0.38ᵇ
0.5	58.84±1.26	−0.63±2.15	−4.34±1.71ª	5.64±1.11ª	259.35±31.18ᵇ	9.69±1.02ª
1.2	60.05±1.99	−0.56±2.23	−5.46±1.50ª	6.12±1.88ª	271.15±16.88ᵇ	10.07±1.72ª
2.4	55.51±4.11	0.69±1.66	4.34±2.56ᵇ	5.33±2.18ª	57.12±27.26ª	16.90±2.78ᵇ
4.8	56.15±3.53	2.51±2.89	−7.67±0.15ª	7.88±0.14ᵃᵇ	267.86±6.39ᵇ	12.66±0.36ᵃᵇ
12.2	59.76±1.86	−0.58±0.75	−4.74±1.83ª	9.32±0.68ᵃᵇ	250.52±3.46ᵇ	10.55±0.72ª
方差分析（ANOVA）	0.224	0.361	0.001	0.040	0.000	0.017

① C 为彩色。

注：同一行数据右上角不同字母表示差异显著（$p<0.05$）。

6.1.3 T-2 毒素对对虾质构特性的影响

质构特性包括硬度、黏附性、弹性、内聚性、胶黏性和咀嚼性等，其作为对虾的一种重要性质，是对虾品质档次的重要指标之一，在某种程度上可反映食品的感官质量（Avila-Villa et al.，2012）。唐雪等（2012）发现饲料中添加有益的蛋氨酸羟基类似物可降低肉鸡肌肉硬度、咀嚼性，从而提高肌肉嫩度，进而改善肌肉的整体品质。而 T-2 毒素作为一种有毒物质，对肌肉蛋白具有一定毒性作用。由表 6-3 可知，当 T-2 毒素暴露剂量为 0.5 mg/kg 时，肌肉硬度和咀嚼性明显升高（$p<0.05$），分别为对照组的 159%和 125%，此外肌肉内聚性显著升高（$p<0.05$），说明 T-2 毒素暴露，会刺激对虾肌肉组织收缩，硬度上升，肌肉嫩度下降。当 T-2 毒素暴露剂量为 2.4 mg/kg 时，对虾肌肉组织硬度、弹性、胶黏性和咀嚼性降低（$p<0.05$），这可能是由于高剂量的 T-2 毒素与对虾肌肉组织结合，从而破坏肌细胞骨架蛋白结构，使对虾肌肉质构特性发生显著变化，肌肉品质下降（邓义佳等，2017）。

表 6-3 不同剂量 T-2 毒素暴露对对虾肌肉质构特性的影响

指标	T-2 毒素暴露剂量/(mg/kg)					
	0	0.5	1.2	2.4	4.8	12.2
硬度/N	6.55±0.17^b	10.43±1.26^d	7.16±0.64^a	6.01±0.38^c	5.83±0.71^e	6.53±0.83^b
黏附性/MJ	0.31±0.16^{bc}	0.33±0.08^{ab}	0.35±0.11^a	0.30±0.07^c	0.27±0.06^d	0.29±0.05^{bc}
弹性/mm	2.15±0.43^c	2.76±0.37^a	2.51±0.42^{ab}	2.01±0.58^d	1.43±0.58^e	2.29±0.81^{bc}
内聚性（Ratio）	0.31±0.05^d	0.55±0.11^a	0.38±0.11^{bc}	0.30±0.04^d	0.28±0.12^e	0.41±0.07^b
胶黏性/N	2.45±0.48^b	2.74±0.36^a	2.73±0.57^a	2.20±0.28^c	1.63±0.43^d	2.73±0.65^a
咀嚼性/MJ	4.75±0.53^e	5.93±0.62^c	6.84±0.35^b	3.64±0.18^d	2.61±0.84^f	3.04±0.46^e

注：各指标同行不同小写字母表示差异显著（$p<0.05$）。

T-2 毒素剂量对肌肉的整体质构特性及熟后肌肉的整体质构特性影响均不大，通过图 6-1～图 6-3 的比较可以看出，熟后肌肉硬度变小，弹性变大，咀嚼性明显增大。质构是反映水产品品质的一个重要属性。当无 T-2 毒素低剂量暴露时，肌肉硬度均有所增大，可能是由于肌肉组织中胶原蛋白分子结构变化导致的，正如肌肉微观结构的结果所示，当 T-2 毒素低剂量时，肌节间隙变小，肌纤维更为致密；而 T-2 毒素高剂量时，肌原纤维变得硬脆，肌细胞骨架蛋白和胶原蛋白发生了降解，肌原纤维变得无序，肌节间隙增大，从而使肌原纤维之间的结构变得越发疏松，导致肌肉硬度下降，品质变得恶劣（代喆，2013）。

第 6 章　真菌毒素对水产动物的肌肉品质的影响

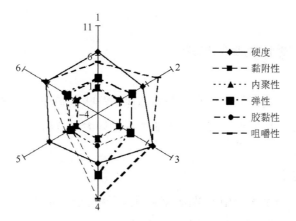

图 6-1　饲料中 T-2 毒素剂量诱导肌肉质构的变化

1：0 mg/kg；2：0.5 mg/kg；3：1.2 mg/kg；4：2.4 mg/kg；5：4.8 mg/kg；6：12.2 mg/kg

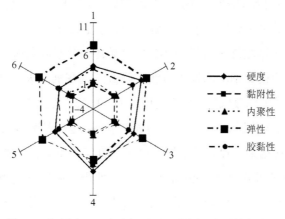

图 6-2　饲料中 T-2 毒素剂量诱导熟制肌肉质构的变化

1：0 mg/kg；2：0.5 mg/kg；3：1.2 mg/kg；4：2.4 mg/kg；5：4.8 mg/kg；6：12.2 mg/kg

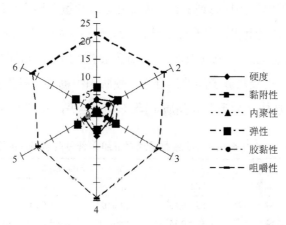

图 6-3　饲料中 T-2 毒素剂量诱导肌肉胶黏性及咀嚼性的变化

1：0 mg/kg；2：0.5 mg/kg；3：1.2 mg/kg；4：2.4 mg/kg；5：4.8 mg/kg；6：12.2 mg/kg

6.1.4 T-2 毒素对对虾风味的影响

可溶性含氮物质、游离氨基酸和氨基酸态氮是鲜味氨基酸、虾味氨基酸的重要来源，灰色关联度分析结果表明它们与 T-2 毒素的关联度均大于 0.6，表示与 T-2 毒素结合能够显著降低对虾风味。

（1）自溶指标变化

包括对虾肌肉蛋白水解液中氨基酸态氮、可溶性蛋白、可溶性固形物含量变化率的变化。凡纳滨对虾含水量高，肌原纤维蛋白含量丰富。在一定条件下，体内的蛋白酶会被激活，与相应的机体组织生物大分子底物作用，发生自溶，生成肽和氨基酸等产物（王小博，2017）。但过度自溶则会影响对虾肌肉品质和口感，并降低其营养价值。如表 6-4 所示，不同 T-2 毒素暴露剂量对对虾肌肉蛋白水解液中氨基酸态氮、可溶性蛋白、可溶性固形物含量具有明显影响。氨基酸态氮含量随 T-2 毒素暴露剂量不同具有显著差异（$p<0.05$），高剂量 T-2 毒素暴露后使氨基酸态氮含量明显降低，且在剂量大于 2.4 mg/kg 后降低更为显著，在 12.2 mg/kg 时出现最低值，仅为对照组的 63.8%。由此得出，随 T-2 毒素暴露剂量增加，氨基酸态氮溶出量受到明显抑制，自溶强度下降，这与迟海等（2010）研究 EDTA-2Na 对南极磷虾自溶影响的结果一致。可溶性蛋白含量随 T-2 毒素暴露剂量的增加呈现先升高后降低的趋势，当暴露剂量为 1.2 mg/kg 时，可溶性蛋白溶出量达到最大值（$p<0.05$），且达到对照组的 114.8%。当暴露剂量为 12.2 mg/kg 时可溶性蛋白含量达到最低，仅为对照组的 74.4%（$p<0.05$）。这可能是由于低剂量 T-2 毒素激活了肌肉自溶酶的活性，机体加速进行细胞间新陈代谢，从而使机体维持稳态。当高剂量 T-2 毒素暴露后，破坏了对虾内源蛋白酶的结构，使酶活力降低或失活，从而使可溶性蛋白溶出量降低，自溶强度下降。可溶性固形物含量与对照组相比呈升高趋势，在 2.4 mg/kg 时含量最高，为对照组的 131.1%（$p<0.05$）。肌肉中可溶性固形物含量随 T-2 毒素暴露剂量增加而增加（$p<0.05$），说明 T-2 毒素暴露破坏了肌肉蛋白分子间的结合力，使肌肉中糖类、维生素、矿物质等溶出量增加，营养成分流失加快，导致肌肉品质下降（邓义佳等，2017）。

表 6-4 不同剂量 T-2 毒素暴露对对虾肌肉蛋白自溶强度的影响

指标	T-2 毒素暴露剂量/(mg/kg)					
	0	0.5	1.2	2.4	4.8	12.2
氨基酸态氮/(g/L)	3.92 ± 0.12^a	3.85 ± 0.50^b	3.81 ± 0.02^{bc}	2.65 ± 0.24^d	2.56 ± 0.11^d	2.50 ± 0.04^d
可溶性蛋白/(mg/ml)	6.14 ± 0.12^{bc}	6.32 ± 0.15^b	7.05 ± 0.31^a	5.28 ± 0.46^d	4.80 ± 0.55^e	4.57 ± 0.73^e
可溶性固形物/(°Bri)	2.93 ± 0.08^e	3.35 ± 0.12^{bc}	3.26 ± 0.05^{cd}	3.84 ± 0.05^a	3.71 ± 0.08^a	3.46 ± 0.09^b

注：同一行数据右上角不同字母表示显著差异（$p<0.05$）。

（2）风味氨基酸

T-2 毒素是普遍存在于水产饲料中的一种真菌毒素。为了比较对虾肌肉中各种氨基酸含量与 T-2 毒素暴露剂量的相关性，利用不同剂量 T-2 毒素的染毒饲料喂养凡纳滨对虾，经过 20 d 后分别检测各实验组对虾肌肉中的氨基酸含量，并作方差分析和灰色关联度分析，从而获得对虾肌肉中各种和各类氨基酸含量与 T-2 毒素暴露剂量的相关程度。实验结果检测得到对虾肌肉的 18 种氨基酸及其含量，方差分析的结果显示，其中 15 种氨基酸含量及总氨基酸含量、必需氨基酸含量、鲜味氨基酸含量和虾味氨基酸含量的差异性都极为显著（$p<0.01$），另外 2 种氨基酸含量差异显著（$p<0.05$），仅有 1 种氨基酸含量差异不显著（$p=0.160$）；灰色关联度分析的结果显示 17 种氨基酸及必需氨基酸、半必需氨基酸、不必需氨基酸、鲜味氨基酸和虾味氨基酸的含量与 T-2 毒素剂量都呈显著相关（关联度≥0.6），其中蛋氨酸含量与 T-2 毒素的暴露剂量关联度最大（叶日英等，2015）。

6.2　T-2 毒素对对虾营养品质的影响

6.2.1　T-2 毒素对对虾水分含量的影响

1）T-2 毒素对凡纳滨对虾肌肉的粗蛋白含量、胶原蛋白含量和巯基含量具有极显著影响（$p<0.01$），而对水分含量和粗脂肪含量影响不显著（$p>0.05$）。

2）采用低场核磁共振（LF-NMR）技术，针对经不同剂量（0 mg/kg、0.5 mg/kg、1.5 mg/kg、4.5 mg/kg、13.5 mg/kg）的 T-2 毒素染毒的凡纳滨对虾，探明速冻后在不同解冻条件下，对虾肌肉中不同相态水分的迁移规律（Deng et al.，2018）。

①根据 T2 波谱分析，发现受 T-2 毒素影响的虾肉静水解冻速度较慢，解冻 3 min 冰晶才基本完全融化，与正常虾肉相比融化速度相对较慢。分析不同相态水分含量变化，发现随着解冻时间的延长，与正常虾肉相比，T-2 毒素暴露后虾肉中的结合水和不易流动水含量明显增高。而自由水由于波动较大没有明显的规律，说明 T-2 毒素使虾肉蛋白质性质改变，肌肉组织在解冻后吸收了部分融冻水变成细胞内水，导致了不易流动水的增加。

②从各相态水分含量角度分析，正常虾肉中结合水含量要远远小于其他受 T-2 毒素影响的虾肉中结合水含量，且随着解冻时间的延长，一直存在这个规律。解冻后正常虾肉中的不易流动水含量也要小于受 T-2 毒素影响后的虾肉，分析其原因可能是由于受 T-2 毒素影响虾肉中的蛋白质性质发生改变，肌肉组织在解冻后吸收了一部分融冻水变成细胞内水，导致了不易流动水的增加。自由水由于波动较大没有明显的规律。

③从各相态水分流动性角度上分析发现，T-2 毒素暴露后的虾肉中结合水的水分流动性与正常虾肉均表现为先增加后稳定的规律。但是在不易流动水的自由度上，染毒虾肉中不易流动水的自由度高于正常虾肉，可以明显区分正常虾肉与染毒虾肉，说明 T-2 毒素暴露的虾肉蛋白质变性后，其结构在冻融后更加疏松，细胞内水的流动性增大。

④MRI 成像分析对虾水分分布特征，发现低剂量组和高剂量组染毒对虾的水分向表层迁移且分布均匀，而中剂量组的水分主要分布在内层，从表观上进一步证明了上述推论，为进一步阐明 T-2 毒素对对虾品质的影响。通过 NMR 分析解冻过程各种相态水的变化规律，可以明显区别正常虾肉与染毒虾肉。通过 MRI 成像，直观地观察虾肉中水分的分布状态情况，对弛豫信息是一个很好的补充。

6.2.2　T-2 毒素对对虾蛋白质含量和组成的影响

T-2 毒素对凡纳滨对虾肌肉的粗蛋白含量具有极显著影响（$p<0.01$）。在不同 T-2 毒素暴露剂量下，凡纳滨对虾肌肉中各类蛋白质含量变化显著（$p<0.05$），如表 6-5 所示。各类蛋白质含量变化基本一致，说明 T-2 毒素对各类蛋白质含量均有影响。各组分含量在 T-2 毒素剂量为 4.8 mg/kg·feed 时存在转折，原因可能是在机体刚接触低剂量的 T-2 毒素时，由于 T-2 毒素影响蛋白质的合成，而使机体自动保护，避免影响能量代谢紊乱，当 T-2 毒素剂量达到 12.2 mg/kg·feed 时，毒性过大，使机体遭受破坏，导致含量降低（梁光明，2014）。

在生物半衰期剂量组中，50 min 及其之前的剂量组的对虾肌肉总蛋白、水溶性蛋白及肌原纤维的成分含量变化不大，但 60 min 和蓄积染毒组的含量均比其他各个时间段的蛋白质含量低。原因可能是对虾机体在短时间（50 min）内接触 T-2 毒素，其机体蛋白质并未产生变化；而随着时间的延长（超过 50 min），T-2 毒素可能抑制了对虾机体 DNA 和 RNA 的合成，从而阻断翻译的启动，抑制蛋白质的合成，导致肌肉蛋白质含量降低。而碱溶性蛋白的含量在 40 min 之前均无明显变化，但在 40 min 之后，其含量随着时间的延长而增加。

表 6-5　凡纳滨对虾在不同 T-2 毒素浓度下肌肉蛋白质含量变化

T-2 剂量/(mg/kg·feed)	0	1.2	2.4	4.8	12.2
非蛋白氮/(g/100g)	0.028 ± 0.002^b	0.023 ± 0.002^a	0.028 ± 0.002^b	0.025 ± 0.000^{ab}	0.040 ± 0.004^c
肌浆蛋白/(g/100g)	1.252 ± 0.104^a	1.264 ± 0.025^a	1.369 ± 0.098^a	2.560 ± 0.183^b	1.270 ± 0.083^a
肌原纤维蛋白/(g/100g)	1.192 ± 0.004^a	1.367 ± 0.020^a	0.028 ± 0.002^b	0.028 ± 0.002^b	0.028 ± 0.002^b
碱溶性蛋白/(g/100g)	1.667 ± 0.75^b	2.334 ± 0.097^c	1.218 ± 0.075^a	1.145 ± 0.096^a	1.496 ± 0.129^b
肌基质蛋白/(g/100g)	1.049 ± 0.095^c	1.437 ± 0.112^e	1.232 ± 0.099^d	0.846 ± 0.073^b	0.458 ± 0.013^a

注：同一行数据右上角不同字母表示显著差异（$p<0.05$）。

(1) 总蛋白

通过分析条带可知，在生物半衰期剂量组中，20 min 和 50 min 剂量组的 29 kDa 处发现了差异蛋白，该蛋白质或许可作为进一步研究 T-2 毒素影响肌肉总蛋白的靶蛋白；并且发现各组的条带Ⅰ（20.1 kDa）的颜色随时间的增长而逐渐加深。条带Ⅰ、Ⅱ（20.1 kDa）的颜色变化均随 T-2 毒素浓度增加逐渐增强；图 6-4a 第 3、6 泳道蓄积染毒总蛋白在 29 kDa 处出现了新增条带。原因可能是对虾在较长时间内接触 T-2 毒素时，T-2 毒素能对机体产生一定的刺激，促进体内能量的代谢，或者可能对包括赖氨酸等在内的某些功能性氨基酸产生影响，致使机体组织蛋白质沉积，分子质量为 20.1 kDa 的蛋白质含量随着 T-2 毒素的毒性增大而增加。

在 0~20 d 蓄积染毒组中，高剂量组（>2.4 mg/kg）出现了 29 kDa 条带的新增蛋白质，并且发现总蛋白条带Ⅱ（20.1 kDa）的颜色随 T-2 毒素浓度增加而逐渐加深。在 20 d 蓄积染毒组的高剂量中，由于 T-2 毒素的毒性过强，会对机体造成不可修复的损伤，并使机体免疫系统受损和代谢紊乱，最终诱导蛋白质的表达且在 29 kDa 处出现了新增蛋白质条带（图 6-4b）（王杏等，2017）。

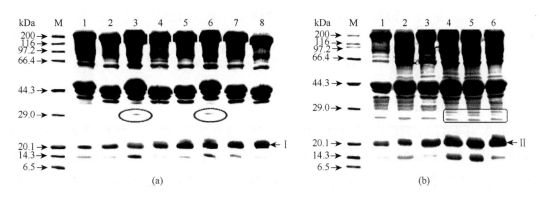

图 6-4 相同浓度 T-2 毒素不同时间对凡纳滨对虾肌肉总蛋白的影响

M 表示标准蛋白；(a) 中 1~8 分别表示不同解剖时间（0 min、10 min、20 min、30 min、40 min、50 min、60 min 和蓄积注射组）；(b) 中 1~6 分别为 0 d、4 d、8 d、12 d、16 d、20 d 不同 T-2 毒素暴露剂量（0 mg/kg、0.5 mg/kg、1.2 mg/kg、2.4 mg/kg、4.8 mg/kg、12.2 mg/kg）的对虾肌肉总蛋白（王杏等，2017）

(2) 水溶性蛋白

在生物半衰期剂量组中，10 min 剂量组的条带Ⅲ比其他各组颜色更深，或许可作为进一步研究 T-2 毒素影响水溶性蛋白的靶蛋白；另外，Ⅳ中蛋白质的分子质量出现减小趋势。在 0~20 d 蓄积染毒剂量组中，蓄积染毒中的条带Ⅴ（42 kDa）颜色随 T-2 毒素浓度的增加而逐渐变深。条带Ⅴ颜色随 T-2 毒素浓度增加而逐渐变深，并在图 6-5b 中可以发现 20 d 蓄积染毒组对虾肌原纤维蛋白质在 42 kDa 附近处出现了新增的条带。推测出现这种变化的原因，可能是 20 d 蓄积染毒剂量组的对虾长时间暴露在 T-2 毒素环境中，T-2 毒素诱导机体糖皮质激素增加和胰岛素水平下降，从而改变了肌肉基因的表达和提高了泛素与蛋白质结合物的水平，进而抑制肌肉蛋白质的合成，蛋白质的降解得到促进而产生新的水溶性蛋白和肌原纤维蛋白；也可能是对虾机体受 T-2 毒素影响导致钙蛋白酶和组织蛋白酶活力增强，促进了蛋白质的降解而产生新蛋白质；亦可能是由于对虾死后肌肉中内源性蛋白酶系和微生物的作用，使某些蛋白质发生降解（图6-5）（王杏等，2017）。

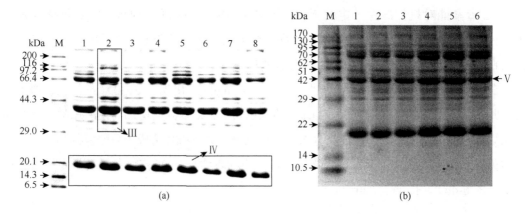

图 6-5　不同时间注射 T-2 毒素对凡纳滨对虾肌肉水溶性蛋白的影响

图中 M 表示标准蛋白；(a) 中 1～8 分别表示不同解剖时间（0 min、10 min、20 min、30 min、40 min、50 min、60 min 和蓄积染毒组）；(b) 中 1～6 分别为 0 d、4 d、8 d、12 d、16 d、20 d 不同 T-2 毒素暴露剂量（0 mg/kg、0.5 mg/kg、1.2 mg/kg、2.4 mg/kg、4.8 mg/kg、12.2 mg/kg）的对虾肌肉水溶性蛋白（王杏等，2017）

（3）肌原纤维蛋白

在生物半衰期剂量组，各组的肌原纤维蛋白无明显变化，原因可能是凡纳滨对虾在较短时间暴露在 T-2 毒素环境中，T-2 毒素并未在对虾体内产生毒性效应，从而没有对这两种蛋白质产生明显影响。但分子质量约为 44 kDa 的各蛋白质条带Ⅵ颜色均出现了细微的深浅差异。各组的肌原纤维蛋白在分子质量 42 kDa 处出现了新增的条带，结合蛋白质条带Ⅵ颜色出现细微的深浅差异，故此蛋白质条带可作为 T-2 毒素诱导凡纳滨对虾肌肉蛋白质变化的潜在指标（图6-6）（王杏等，2017）。

（4）碱溶性蛋白

在生物半衰期剂量组，29～44 kDa 分子质量的碱溶性蛋白条带出现无规律的变化，但在 0～20 d 蓄积染毒组中没有明显变化。出现这种现象的原因可能是，当对虾暴露在 T-2 毒素环境中，机体内的肌原纤维蛋白发生降解或变性，各组所生成溶于碱性溶液的蛋白质含量变化基本一致，致使在电泳中无法辨别出有明显变化；亦可能是在对各注射时间组的碱溶性蛋白进行电泳时，出现凝胶不均匀，或者由使用的电压不稳定导致（图6-7）（王杏等，2017）。

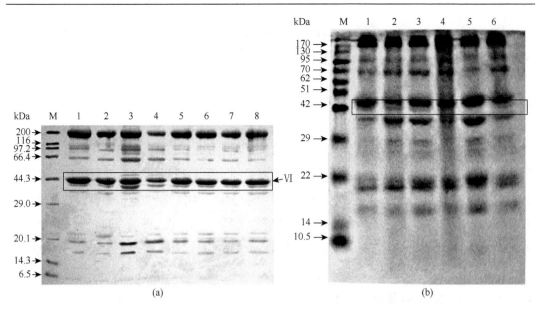

图 6-6 不同时间注射 T-2 毒素对凡纳滨对虾肌肉肌原纤维蛋白的影响

图中 M 表示标准蛋白;(a) 中 1~8 分别表示不同解剖时间 (0 min、10 min、20 min、30 min、40 min、50 min、60 min 和蓄积染毒组);(b) 中 1~6 分别为 0 d、4 d、8 d、12 d、16 d、20 d 不同 T-2 毒素暴露剂量 (0 mg/kg、0.5 mg/kg、1.2 mg/kg、2.4 mg/kg、4.8 mg/kg、12.2 mg/kg) 的对虾肌肉肌原纤维蛋白 (王杏等,2017)

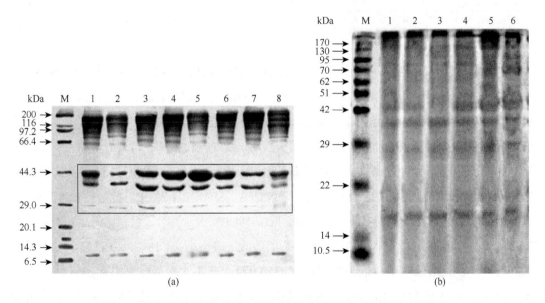

图 6-7 不同时间注射 T-2 毒素对凡纳滨对虾肌肉碱溶性蛋白的影响

图中 M 表示标准蛋白;(a) 中 1~8 分别表示不同解剖时间 (0 min、10 min、20 min、30 min、40 min、50 min、60 min 和蓄积染毒组);(b) 中 1~6 分别为 0 d、4 d、8 d、12 d、16 d、20 d 不同 T-2 毒素暴露剂量 (0 mg/kg、0.5 mg/kg、1.2 mg/kg、2.4 mg/kg、4.8 mg/kg、12.2 mg/kg) 的对虾肌肉碱溶性蛋白 (王杏等,2017)

T-2 毒素诱导凡纳滨对虾肌肉中与过敏相关的虾原球蛋白上调表达,会产生新的蛋白质,相对于空白对照组和其他剂量组,1.2 mg/kg 和 4.8 mg/kg 剂量组的 SDS-PAGE 电泳条带在 55～70 kDa 和 35～40 kDa 出现相同的新蛋白质条带，这个蛋白质条带是否与核心 PPO 蛋白条带有关还有待于进一步探讨。

6.2.3 粗脂肪及脂肪酸等碳水化合物

脂肪是食品的重要营养成分，在调节机体生理机能和完成化学反应方面起着重要作用。有研究表明，饲料中适宜的脂肪酸水平可提高水生动物的免疫力和品质（梁光明，2014），因此测定粗脂肪的含量具有重要意义。由表 6-6 可知，在 20 d 蓄积毒性试验后，对虾体内粗脂肪的含量随着 T-2 毒素染毒剂量的增加，呈现先上升后下降的趋势，且 T-2 毒素对粗脂肪含量影响显著（$p<0.05$）。在 1.2 mg/kg 剂量组，呈显著上升趋势（$p<0.05$），开始出现刺激效应，在 2.4 mg/kg 剂量组时，粗脂肪含量达到峰值（$p<0.05$）。在 4.8 mg/kg 剂量组时，粗脂肪的含量呈显著下降趋势（$p<0.05$），开始出现抑制效应，并随着 T-2 毒素染毒剂量的增加，抑制效应有所上升，但差别不显著（$p>0.05$）（张晓迪等，2016）。

表 6-6 各 T-2 毒素染毒剂量下对虾体内粗脂肪的含量（平均值±标准差，$n=6$）

染毒剂量/(mg/kg)	0	0.5	1.2	2.4	4.8	12.2	ANOVA
粗脂肪含量/%	0.57 ± 0.01^c	0.61 ± 0.01^{bc}	0.74 ± 0.19^{ab}	0.78 ± 0.00^a	0.16 ± 0.03^d	0.13 ± 0.05^d	0.045

注：同一行数据右上角不同字母表示显著差异（$p<0.05$）。

实验选取初始体质量为（5.0±0.5）g 的凡纳滨对虾，随机分为 1 个对照组和 5 个实验组，分别饲喂 0.0（对照组）、0.5 mg/kg、1.2 mg/kg、2.4 mg/kg、4.8 mg/kg、12.2 mg/kg 的 T-2 毒素饲料，20 d 后采用气相色谱（GC）法测定对虾肌肉中脂肪酸的含量，分析 T-2 毒素蓄积性毒性对凡纳滨对虾肌肉中脂肪酸的影响。结果表明：随着饲料中 T-2 毒素的增加，各组对虾肌肉中脂肪酸组成种类并无差异，其中以多不饱和脂肪酸（PUFA）含量最高，其次为饱和脂肪酸（SPA）和单不饱和脂肪酸（MUPA），在 PUFA、SPA、MUPA 中，分别以 C18：$2n-6$、C16：0 和 C18：1 含量最高；各实验组脂肪酸中 MUPA 含量与对照组相比无显著差异；当 T-2 毒素为 1.2 mg/kg 时 SPA、PUFA 及必需脂肪酸（EFA）中 C18：$2n-6$、C18：$3n-3$ 和 C22：$6n-3$ 含量最低，明显低于对照组（$p<0.05$）；在 T-2 毒素为 12.2 mg/kg 时总氨基酸（TAA）、必需氨基酸（EAA）、半必需氨基酸（HEAA）、非必需氨基酸（NEAA）含量最低，4.8 mg/kg 时 EAA 含量最低，与对照组相比均具显著差异（$p<0.05$）。可见，T-2 毒素可明显降低肌肉中 PUFA、SPA 含量，从而影响肌肉组织细胞膜的稳定性（王小博，2017）。

6.2.4 维生素与矿物质

采用 HPLC 方法测定三种脂溶性维生素（V_A、V_{D3}、V_E）的含量。T-2 毒素对对虾肌肉中的三种脂溶性维生素均可产生显著影响（$p<0.05$）。最佳色谱条件如下。①色谱柱：C18；②流动相：采用甲醇-水（体积比 100∶0），流速为 1.0 ml/min；③提取溶剂：用甲醇溶解样品；④检测器：采用紫外检测仪，根据组分的吸收度，选择测定 V_A、V_{D3} 和 V_E 的最大吸收波长分别为 280 nm、264 nm 和 285 nm，检出限分别为 0.09 μg/ml、0.06 μg/ml 和 0.13 μg/ml。观察 T-2 毒素染毒对三种脂溶性维生素含量的影响（表 6-7）。

各染毒剂量与对虾 V_A、V_{D3}、V_E 的含量变化见表 6-7 和图 6-8。在对虾体内，V_E 含量最高，V_A 次之，V_{D3} 最低。且 T-2 毒素对三种脂溶性维生素影响显著（$p<0.05$）。其中，V_A 的含量总体呈下降趋势。与对照组相比，前三个染毒剂量组无显著下降（$p>0.05$），抑制幅度不明显；在染毒剂量为 4.8 mg/kg 时，开始出现显著下降（$p<0.05$），抑制幅度较明显，但与 12.2 mg/kg 相比，V_A 含量无显著差异。V_{D3} 含量随着染毒剂量的增加，呈先上升后下降趋势。在染毒剂量为 0.5 mg/kg 时，V_{D3} 含量呈显著上升，达到最大值 1.65 ng。在 12.2 mg/kg 时，V_{D3} 含量最低为 0.56 ng。V_E 含量受 T-2 毒素影响波动性较大，总体呈先上升后下降再上升的趋势，但第二次上升幅度较小。在染毒剂量为 1.2 mg/kg 时，V_E 含量呈显著上升（$p<0.05$），达到 8.93 ng；在 4.8 mg/kg 时，含量最低为 3.69 ng，随后开始逐渐上升。T-2 毒素对不同脂溶性维生素的影响不同，但高剂量 T-2 毒素对三种维生素均呈现抑制效应，其中对 V_{D3} 抑制效果最大。这可能是由于对虾长期暴露于高剂量 T-2 毒素环境中，对虾的组织或细胞已受到一定程度的破坏，从而导致维生素大量消耗或者无法正常合成，含量显著下降（张晓迪等，2016）。T-2 毒素亦对凡纳滨对虾肌肉的矿物质及灰分含量影响显著（表 6-8）（$p<0.05$）。

表 6-7　各 T-2 毒素染毒剂量下 V_A、V_{D3} 和 V_E 的含量（平均值±标准差，$n=6$）

染毒剂量/(mg/kg)	0	0.5	1.2	2.4	4.8	12.2	ANOVA
V_A 含量/ng	5.71±0.03^a	5.24±0.03^{ab}	5.36±1.20^a	5.12±0.04^{ab}	4.76±0.05^{bc}	4.44±0.05^c	0.038
V_{D3} 含量/ng	1.33±0.07^b	1.65±0.06^a	1.20±0.07^b	0.80±0.13^c	0.60±0.21^c	0.56±0.14^c	0.015
V_E 含量/ng	6.37±0.03^b	6.20±0.04^{bc}	8.93±0.03^a	4.12±0.09^d	3.69±0.087^e	5.90±0.07^c	0.010

注：同一行数据右上角字母表示显著差异（$p<0.05$）。

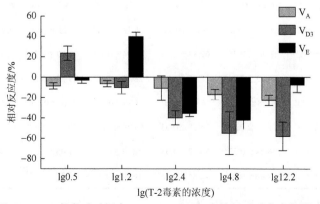

图 6-8　T-2 毒素对对虾中 V_A、V_{D3} 和 V_E 含量相对反应度的影响

表 6-8 不同剂量 T-2 毒素对凡纳滨对虾生化成分的影响

参数分类	0 mg/kg	0.5 mg/kg	1.2 mg/kg	2.4 mg/kg	4.8 mg/kg	12.2 mg/kg	ANOVA
水分/%	81.18±3.89^a	79.38±2.88^{ab}	75.35±1.43^b	80.39±0.00^{ab}	80.94±4.38^a	76.52±0.24^{ab}	0.075
灰分/%	3.46±0.47^a	2.34±0.56^b	2.20±1.03^b	2.31±0.00^b	1.72±0.09^b	1.65±0.38^b	0.021
粗蛋白/%	18.20±3.59^a	16.84±1.96^a	16.57±2.16^a	12.29±0.00^{bc}	9.26±0.82^b	4.32±1.01^c	0.000
粗脂肪/%	0.56±0.01	0.60±0.01	0.79±0.32	0.78±0.00	0.13±0.06	0.10±0.09	0.695
胶原蛋白/%	5.41±0.28^{bc}	8.59±3.22^a	6.31±0.62^{ab}	3.10±0.23^c	3.10±0.86^c	2.50±1.32^c	0.006
巯基/(10^{-5} mol/L)	3.85±0.01^a	2.17±0.01^b	1.43±0.00^d	1.46±0.00^d	1.98±0.02^{bc}	1.65±0.00^{cd}	0.000
ASP	6.52±0.02^a	6.64±0.02^a	6.58±0.03^a	7.43±0.18^{ab}	8.64±0.23^c	8.17±0.09^b	0.000
THR	2.55±0.03^a	2.53±0.03^a	2.67±0.02^b	2.71±0.06^b	3.32±0.10^c	3.09±0.03^d	0.000
SER	2.40±0.05^a	2.38±0.03^a	2.57±0.02^b	2.66±0.05^b	3.19±0.10^c	3.12±0.02^c	0.000
GLU	9.95±0.04^a	10.57±0.15^b	9.98±0.04^a	13.09±0.15^c	14.80±0.12^c	14.36±0.5^a	0.000
GLY	4.94±0.22^a	5.55±0.05^b	5.04±0.03^{ab}	8.20±0.95^d	12.38±0.61^c	10.25±0.17^d	0.000
ALA	3.79±0.00^a	4.13±0.04^b	3.92±0.01^a	3.78±0.03^a	5.23±0.16^c	4.62±0.08^d	0.000
CYS	0.72±0.01^{ab}	0.74±0.02^{ab}	0.69±0.01^{ab}	0.87±0.12^b	0.85±0.46^b	0.40±0.05^a	0.160
VAL	2.87±0.07^a	2.84±0.02^a	3.01±0.02^b	2.64±0.05^a	3.03±0.09^b	2.82±0.08^a	0.002
MET	2.92±0.02^{ab}	2.94±0.02^b	2.88±0.02^a	0.85±0.07^c	1.02±0.05^c	0.97±0.03^c	0.000
ILE	3.08±0.01^a	3.11±0.01^a	3.27±.01^b	3.10±0.01^a	2.96±0.11^c	2.77±0.06^d	0.000
LEU	6.03±0.34^a	6.18±0.03^a	6.56±0.03^b	5.24±0.14^c	5.72±0.19^c	5.46±0.09^c	0.000
TYR	2.05±0.01^a	2.07±0.02^a	2.16±0.01^b	2.46±0.02^c	2.39±0.06^c	2.32±0.04^d	0.000
PHE	3.00±0.08^a	2.97±0.02^a	3.12±0.01^b	2.96±0.11^a	3.29±0.09^c	3.15±0.02^b	0.000
LYS	5.19±0.06^a	5.28±0.02^{ab}	5.30±0.06^{ab}	5.82±0.09^c	5.47±0.22^b	5.18±0.04^a	0.031
HIS	1.23±0.03^a	1.30±0.02^b	1.34±0.01^b	1.32±0.04^b	1.17±0.07^a	1.18±0.03^a	0.000
ARG	6.04±0.02^a	6.18±0.02^a	6.51±0.04^b	6.02±0.05^a	6.97±0.13^c	6.63±0.13^b	0.000
PRO	4.41±0.08^a	4.47±0.02^a	4.23±0.02^a	4.79±0.41^a	3.25±0.07^b	3.97±0.30^c	0.000
总计	67.68±0.31^a	69.89±0.25^b	69.84±0.09^b	73.94±0.18^{bc}	83.67±2.36^d	78.45±0.52^c	0.000
A	27.68±0.19^a	27.93±0.06^a	28.97±0.08^b	25.77±0.37^d	27.20±0.89^c	25.75±0.32^d	0.000
B	7.27±0.05^a	7.48±0.03^a	7.85±0.03^b	8.75±0.22^b	8.14±0.13^c	7.81±0.11^c	0.000
C	34.77±0.35^a	36.55±0.24^b	35.18±0.03^c	43.29±0.23^{bc}	50.72±1.47^d	47.21±0.31^c	0.000
D	25.20±0.26^a	26.89±0.23^b	25.52±0.03^a	32.51±0.75^d	41.05±1.21^c	37.40±0.44^d	0.000
E	11.70±0.23^a	12.46±0.05^a	12.24±0.03^a	16.51±0.65^b	20.20±0.85^c	17.28±0.17^b	0.000

注：同一行数据右上角不同字母表示显著差异（$p<0.05$）。

6.3 技术品质

6.3.1 T-2 毒素对凡纳滨对虾肌肉蒸煮特性的影响

蒸煮损失率是肉类品质变化评价的重要指标,肌肉在蒸煮过程中的损失主要与肉类吸水性有关。由图 6-9 可知,不同剂量 T-2 毒素暴露会对对虾肌肉蒸煮损失率产生一定的影响,但影响并不显著。在 5 组暴露剂量中,1.2 mg/kg 剂量暴露时蒸煮损失率最低(30.2%)($p<0.05$),12.2 mg/kg 剂量暴露时损失率最高(38.8%),其他 3 组与对照组相比差异不显著($p>0.05$),与王晶等(2015)研究的结果一致,即低剂量添加物导致肌肉蒸煮损失率下降,高剂量添加物使蒸煮损失率上升。试验结果的原因是低剂量 T-2 毒素暴露使肌原纤维蛋白分子内或分子间的结合力增加,内聚性增强,从而使保水性增加,蒸煮损失率降低。但当 T-2 毒素暴露量大于 1.2 mg/kg 时,蒸煮损失率逐渐上升,在 12.2 mg/kg 暴露时蒸煮损失率达到 38.8%。这可能是由于高剂量 T-2 毒素暴露导致肌原纤维蛋白变性,蛋白质水合性质下降及凝胶网络结构被破坏,降低了肌肉凝胶中蛋白质分子对水分子的束缚力,使肌肉持水性降低,蒸煮损失率升高(邓义佳等,2017)。

各组蒸煮损失率见图 6-9,1.2 mg/kg 剂量组的蒸煮损失率最低,12.2 mg/kg 剂量组的蒸煮损失率最大。分析表明 T-2 毒素诱导的肌肉蒸煮损失率与熟后肌肉的内聚性相关,蒸煮损失率越高,肌肉熟后的内聚性越大。内聚性代表样品内部的黏合力,蒸煮损失率越高,肌肉组织的黏合力越大。低剂量 T-2 毒素对肌肉的蒸煮损失率影响不大,而高剂量 T-2 毒素有使肌肉的蒸煮损失率加大的趋势。

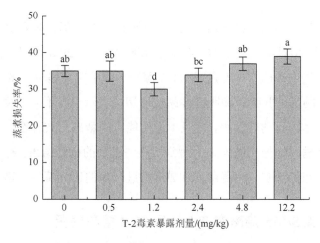

图 6-9 不同剂量 T-2 毒素暴露对凡纳滨对虾肌肉蒸煮损失率的影响

6.3.2 T-2 毒素暴露对凡纳滨对虾肌原纤维耐折断力的影响

对虾肌肉中蕴含丰富的肌原纤维,是保持对虾肌肉弹性和良好口感的重要前提。肌原纤维长度作为表征肌原纤维耐折断力的重要指标,在一定程度上可反映肌肉的柔韧性和强度。肌原纤维长度越长,说明不容易被折断,耐折断力强,肌肉品质较好,反之则较差(邓义佳等,2017)。本书中,T-2 毒素暴露对对虾肌原纤维长度有显著影响。从表 6-9 可以看出,对虾肌原纤维长度随 T-2 毒素暴露剂量增大明显减少($p<0.05$)。在 4.8 mg/kg 剂量时肌原纤维长度减少为对照组的 56.4%($p<0.05$),12.2 mg/kg 暴露时肌原纤维长度仅为对照组的 35.7%($p<0.05$),从而影响肌肉品质。T-2 毒素引起肌原纤维断裂,长度变短的原因可能是 T-2 毒素暴露导致对虾肌肉发生自溶作用,使肌原纤维蛋白中的 Z 线变得脆弱、易断裂,肌原纤维长度逐渐变短,使肌原纤维耐折断力下降,肌肉柔韧性降低,最终导致肌肉品质劣化(邓义佳等,2017)。

表 6-9 不同剂量 T-2 毒素暴露对虾肌原纤维长度的影响

指标	T-2 暴露剂量/(mg/kg)					
	0	0.5	1.2	2.4	4.8	12.2
肌原纤维长度/(10^{-2} mm)	2.41 ± 0.40^a	2.30 ± 0.26^{ab}	2.11 ± 0.16^{bc}	2.03 ± 0.12^c	1.36 ± 0.09^d	0.86 ± 0.05^e

注:同行中不同小写字母表示存在显著差异($p<0.05$)。

6.4 安全性品质

6.4.1 游离态残留

按定期递增剂量法染毒凡纳滨对虾后,根据蓄积系数计算结果表明 T-2 毒素在凡纳滨对虾体内高度蓄积。但凡纳滨对虾对 T-2 毒素无明显耐受。20 d 蓄积毒性试验后,在各剂量组对虾不同部位均未检出 T-2 毒素或 HT-2 毒素。但用定期递增剂量法饲喂的凡纳滨对虾,染毒后第 8 d 肠道、肝胰腺和肌肉样品病理切片显示出现不同程度病变。这表明 T-2 毒素在凡纳滨对虾体内有功能蓄积,并且毒素可能以隐蔽态形式存在。通过 T-2 毒素在凡纳滨对虾体内有强蓄积性的判断但未检测到游离态毒素的试验结果,提出在对虾中 T-2 毒素以隐蔽态形式存在的猜想,为隐蔽态 T-2 毒素进一步的研究奠定了基础。

6.4.2 TFA-LC-MS/MS 隐蔽态 T-2 毒素 20 d 蓄积残留

针对对虾肌肉样品和标准品,采用 LC-MS/MS 的全扫描模式(full scan)进行检测,

T-2 毒素标准品的保留时间为 4.24 min（图 6-10a），结果与前期吴朝金等（2015）报道的结果相近。三氟乙酸（TFA）处理前，对虾肌肉无游离态 T-2 毒素检出（图 6-10b）；TFA 处理后，对虾肌肉中有游离态 T-2 毒素检出（图 6-10c）。结果表明，T-2 毒素在对虾肌肉内转化成 mT-2s，以结合态的形式存在，且 mT-2s 含量与对虾的染毒剂量呈正相关，其中染毒剂量为 12.2 mg/kg 时，T-2 毒素的增量最大（图 6-11）（张晓迪等，2016）。

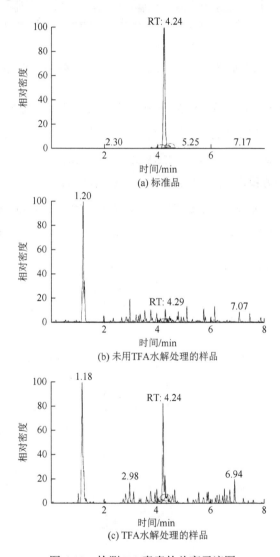

图 6-10 检测 T-2 毒素的总离子流图

6.4.3 人工肠液水解 LC-MS/MS 检测对虾中解离型隐蔽态 T-2 毒素残留
（邱妹，2015）

经过人工肠液的解离之后检测，发现不同剂量的不同组织器官均有游离态 T-2 毒素检出

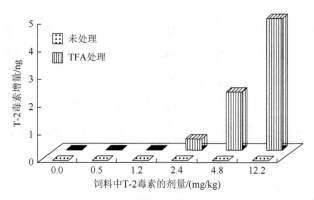

图 6-11　TFA 水解处理前后染毒对虾肌肉组织器官 T-2 毒素的增量

(图 6-12、图 6-13、表 6-10)。隐蔽态 T-2 毒素主要存在于对虾的肌肉、肝胰腺、头部和血液中。在肌肉、头部和血液中的隐蔽态 T-2 毒素的量与饲料中 T-2 毒素浓度呈正相关。用 Origin 进行方程拟合，发现在血液、头和肌肉中隐蔽态 T-2 毒素的含量与 T-2 毒素的剂量均呈二次方程关系。在血液中的方程是 ($y = -0.034x^2 + 0.87435x - 0.26614$, $R^2 = 0.98808$, $p < 0.01$)；在头部的拟合方程是 ($y = -0.02412x^2 + 0.47535x + 0.0093$, $R^2 = 0.98043$, $p < 0.01$)；在肌肉中的拟合曲线方程是 ($y = -0.00861x^2 + 0.21704x + 0.1107$, $R^2 = 0.923$, $p < 0.01$)，各部位的拟合

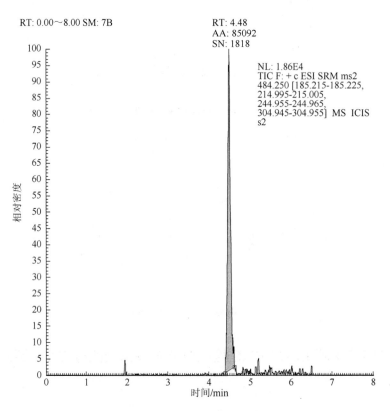

图 6-12　解离后对虾组织器官中隐蔽态 T-2 毒素的 LC-MS/MS 图

曲线见图 6-13。从拟合曲线和方程可以看出不同剂量之间隐蔽态 T-2 毒素的浓度的增量表现为血液中含量最高，其次到头部、肌肉。而在肝胰腺中，低剂量组没有隐蔽态 T-2 毒素的残留，只在 12.2 mg/kg 剂量组测得其含量是 0.17 ng/g，说明用胰蛋白酶几乎不能将肝胰腺中的隐蔽态 T-2 毒素解离出来或者是肝胰腺中没有隐蔽态 T-2 毒素（Huang et al., 2017）。

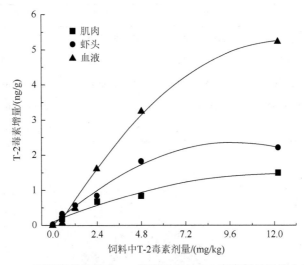

图 6-13 不同部位隐蔽态 T-2 毒素浓度与 T-2 毒素剂量间拟合曲线

表 6-10 解离后不同组织器官中 T-2 毒素的含量 （单位：ng/g）

剂量/(mg/kg)	血液	虾头	肌肉	肝胰腺
0	—	—	—	—
0.5	0.05±0.03	0.32±0.12	0.17±0.03	—
1.2	0.49±0.07	0.56±0.09	0.53±0.07	—
2.4	1.62±0.07	0.84±0.12	0.67±0.06	—
4.8	3.25±0.23	1.83±0.12	0.84±0.06	—
12.2	5.23±0.05	2.21±0.08	1.49±0.20	0.17±0.03

注："—"表示未检出。

采用 LC-MS/MS 检测对虾递增剂量染毒对对虾不同组织器官中毒素残留，各组织器官毒素残留量（ng/g）如表 6-11 所示，实验对虾平均每尾重（6.5±0.5）g，其中各组织器官中，肠道、肝胰腺、肌肉、虾头和血液的平均质量比为 0.07：0.35：2.88：2.77：0.2，通过换算，平均每尾虾中 T-2 毒素的分布如图 6-14 所示。结果显示，肌肉、虾头和血液中 T-2 毒素残留最多，平均每尾虾头（约 2.77 g）中最高含量为 56.41 ng，每尾虾肌肉（约 2.88 g）中最高数值为 51.89 ng，整体来看，肝胰腺中毒素残留检出量高于肠道，而染毒对虾血液中毒素含量最高。在低中染毒剂量组，毒素残留有下降趋势，且随着染毒时间的进行，不同部位的 T-2 毒素残留大多呈现增多趋势（吴朝金等，2015）。

表 6-11　对虾各组织器官的 T-2 毒素残留量　　　　　　（单位：ng/g）

部位	T-2 毒素累积染毒量/(mg/kg·feed)				
	19.2	48.0	91.2	156.0	253.2
肠道/(ng/g)	166.04±3.78	213.7±6.23	323.68±3.55	236.65±4.22	342.45±4.78
肝胰腺/(ng/g)	36.88±2.54	47.19±3.22	42.73±0.78	50.19±3.52	79.02±6.52
肌肉/(ng/g)	9.65±0.89	10.86±0.35	9.18±0.56	17.60±1.03	18.02±1.45
虾头/(ng/g)	10.88±1.52	11.05±0.94	15.64±1.34	14.48±2.01	20.37±0.51
血液/(ng/g)	81.15±4.51	209.29±3.44	276.33±6.93	250.28±2.69	394.95±1.09

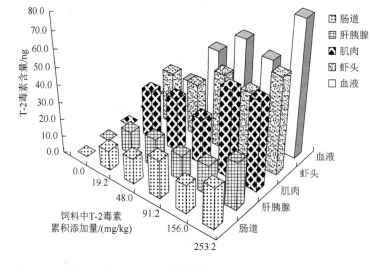

图 6-14　乙酸乙酯提取染 T-2 毒素对虾不同组织器官中 T-2 毒素的含量

6.4.4　真菌毒素对虾体内 AFB_1 残留的影响

对于 AFB_1，各组织器官毒素残留量（ng/g）如表 6-12 所示，实验对虾平均每尾重（6.5±0.5）g，其中各组织器官中，肠道、肝胰腺、肌肉、虾头和血液的平均质量比为 0.07∶0.35∶2.88∶2.77∶0.2。比较平均每尾对虾中各个组织器官中的毒素含量，肌肉、虾头和血液中含量最多（图 6-15），其中虾头（约 2.77 g）在染毒 20 d 后检测毒素含量为 57.72 ng，肌肉也在最后染毒时间段累积毒素残留为 54.17 ng，而肝胰腺中毒素含量在实验结束时为 24.79 ng，各组织器官中毒素残留均呈上升趋势（吕鹏莉，2016）。

表 6-12　对虾各组织器官的 AFB_1 残留量　　　　（单位：ng/g）

部位	AFB_1 累积染毒量（mg/kg·feed）				
	4.8	12.0	22.8	39.0	63.3
肠道	140.19±4.78	160.38±7.50	187.65±5.71	328.24±4.24	422.88±3.56
肝胰腺	22.76±3.11	33.39±3.25	37.56±4.09	50.01±4.11	70.84±4.11
肌肉	6.40±0.45	8.84±0.77	10.33±1.03	11.75±1.02	18.81±1.06
虾头	6.59±0.37	9.19±0.33	11.47±1.20	15.35±1.18	20.84±2.08
血液	151.18±6.68	149.47±5.23	191.27±3.90	332.85±7.14	443.12±4.23

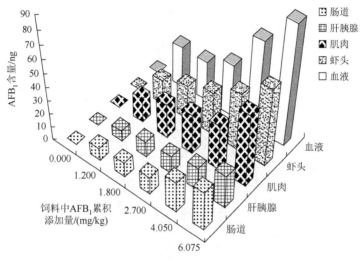

图 6-15　乙酸乙酯提取染毒对虾不同组织器官中 AFB_1 的含量

6.4.5　真菌毒素对虾体内 OTA 残留的影响

对于 OTA，各组织器官毒素残留量（ng/g）如表 6-13 所示，实验对虾平均每尾重（6.5±0.5）g，其中各组织器官中，肠道、肝胰腺、肌肉、虾头和血液的平均质量比为 0.07：0.35：2.88：2.77：0.2。比较平均每尾对虾中毒素含量（ng），在对虾不同组织器官中，肌肉、虾头和血液中 OTA 含量最多（图 6-16），其中虾头在染毒 20 d 后检测毒素含量为 42.59 ng，肌肉在最后染毒时间段累积毒素残留为 32.21 ng。血液中的毒素残留在第二染毒周期达到最大，为 46.43 ng（吕鹏莉，2016）。

表 6-13　对虾各组织器官的 OTA 残留量　　　　（单位：ng/g）

部位	OTA 累积染毒量（mg/kg·feed）				
	7.120	17.800	33.820	57.850	93.895
肠道	117.48±8.09	157.51±4.23	168.03±4.79	134.32±7.17	279.39±5.68
肝胰腺	7.46±0.44	6.27±0.71	21.82±2.66	17.84±1.04	23.53±3.31

续表

部位	OTA 累积染毒量（mg/kg·feed）				
	7.120	17.800	33.820	57.850	93.895
肌肉	2.81±0.17	6.19±0.59	8.57±0.92	4.70±0.44	11.19±1.02
虾头	2.25±0.13	8.84±0.45	0.00±0.00	8.18±0.76	15.38±1.14
血液	132.88±3.27	232.16±2.34	0.00±0.00	170.66±4.95	207.07±4.25

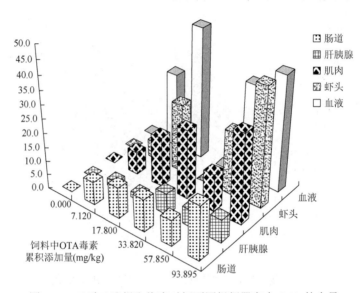

图 6-16 乙酸乙酯提取染毒对虾不同组织器官中 OTA 的含量

6.5 人为风险

饲养结束后统计每个桶中的对虾数量并测定体长、体重，计算成活率（S）、相对增长率（RL）、相对增重率（RW），分别按照下面计算公式计算：$S(\%) = 100 N_t \cdot N_0^{-1}$；$RL(\%) = 100(L_t - L_0) \cdot L_0^{-1}$；$RW(\%) = 100(W_t - W_0) \cdot W_0^{-1}$，式中：$N_t$，$L_t$，$W_t$ 分别代表试验结束时各网箱虾的存活数，虾的平均体长和体重；N_0，L_0，W_0 分别代表试验开始时各网箱虾的存活数，虾的平均体长和体重；W_s 表示各网箱试验期间死亡虾总重量（陈亚坤等，2011）。

参 考 文 献

陈亚坤，郭冉，夏辉，等，2011. 密度胁迫对凡纳滨对虾生长、水质因子及免疫力的影响[J]. 江苏农业科学，39（3）：292-294.
迟海，李学英，杨宪时，等，2010. 南极大磷虾 0、5 和 20℃贮藏中的品质变化[J]. 海洋渔业，32（4）：447-453.
代喆，2013. T-2 毒素诱导凡纳滨对虾肌肉品质典型性状的变化规律[D]. 湛江：广东海洋大学.
邓义佳，王雅玲，莫冰，等，2017. T-2 毒素对凡纳滨对虾肌肉品质特性和自溶作用强度的影响[J]. 食品科学，（7）：17-22.
梁光明，2014. T-2 毒素诱导凡纳滨对虾肌肉蛋白质变化的规律[D]. 湛江：广东海洋大学.

吕鹏莉, 2016. Ⅱ相关键解毒酶介导的对虾中常见真菌毒素危害控制效应[D]. 湛江：广东海洋大学.

邱妹, 2015. 对虾中隐蔽态T-2毒素危害特征与免疫毒性分子标记识别[D]. 湛江：广东海洋大学.

唐雪, 赵瑞英, 于玮, 等, 2012. 蛋氨酸及其羟基类似物对肉鸡肌肉蛋白质合成及质构特性的影响[J]. 食品工业科技, 33（23）：53-56.

王晶, 田莹俏, 张艳花, 2015. 菠萝蛋白酶和超声波对羊肉嫩度的影响[J]. 肉类工业,（3）：14-18.

王小博, 2017. 水产品中常见真菌毒素的污染调查及对虾中残留的风险评估[D]. 湛江：广东海洋大学.

王杏, 黄展锐, 王雅玲, 等, 2017. T-2毒素对凡纳滨对虾肌肉蛋白质含量与组成的影响[J]. 中国食品学报,（11）：208-215.

吴朝金, 莫冰, 王雅玲, 等, 2015. 对虾中T-2毒素的残留规律及其对雄性小鼠的遗传毒性效应[J]. 现代食品科技,（2）：1-6.

杨建伯, 杨秋慧, 2000. 克山病因研究[J]. 中华地方病学杂志, 19（5）：32-37.

叶日英, 王雅玲, 孙力军, 等, 2015. T-2毒素对凡纳滨对虾肌肉氨基酸含量的影响及其灰色关联分析[J]. 广东农业科学, 42（17）：118-123.

张晓迪, 王雅玲, 孙力军, 等, 2016. 对虾肌肉中隐蔽态T-2毒素残留与脂溶性成分含量变化的相关性研究[J]. 现代食品科技,（3）：62-67.

朱钦龙, 1993. 水产饲料的真菌毒素[J]. 中国饲料,（7）：25-26.

Avila-Villa L A, Garcia-Sanchez G, Gollas-Galvan T, et al., 2012. Textural changes of raw and cooked muscle of shrimp, *Litopenaeus vannamei*, infected with necrotizing hepatopancreatitis bacterium（NHPB）[J]. Journal of Texture Studies, 43（6）：453-458.

Deng Q, Wang Y L, Sun L J, et al., 2018. Migration of water in *Litopenaeus vannamei* muscle following freezing and thawing[J]. Journal of food Science, 83（7）：1810-1815.

Huang Z, Wang Y, Qiu M, et al., 2017. Effect of T-2 toxin-injected shrimp muscle extracts on mouse macrophage cells（RAW264.7）[J]. Drug & Chemical Toxicology, 41（1）：1.

第7章 真菌毒素对水产动物的防御系统损伤

7.1 抗氧化酶系统损伤

7.1.1 T-2 毒素对对虾肝胰腺的抗氧化酶损伤

采用试剂盒的方法测定 T-AOC 和 MDA，以及三种重要的代表性抗氧化酶 CAT、SOD 和 GSH-PX，评价不同暴露剂量的 T-2 毒素对机体总抗氧化能力的影响和表征 T-2 毒素对抗氧化酶系统的影响。结果表明肝胰腺为 T-2 毒素氧化应激及氧化损伤的重要组织，对 T-2 毒素较敏感。在暴露 T-2 毒素环境中可提高对虾肝胰腺的总抗氧化能力，同时氧化损伤程度（MDA）与 T-2 毒素的剂量呈正相关。氧化损伤幅度显著高于总抗氧化能力的刺激幅度，表现为损伤效应。对虾体内的三种抗氧化酶受 T-2 毒素的刺激幅度不同，且各有分工。高剂量 T-2 毒素暴露时，氧化损伤增大，抗氧化能力降低。低剂量时，反应较为复杂（表 7-1、图 7-1）。

表 7-1 T-2 毒素暴露下对虾肝胰腺中各指标的相关性

		T-AOC	CAT	MDA	SOD	GSH-PX	GSH
T-AOC	Pearson 相关性	1					
	显著性（双侧）						
CAT	Pearson 相关性	−0.657**	1				
	显著性（双侧）	0.003					
MDA	Pearson 相关性	0.801**	−0.580*	1			
	显著性（双侧）	0.000	0.012				
SOD	Pearson 相关性	0.525*	−0.384	0.621**	1		
	显著性（双侧）	0.025	0.115	0.006			
GSH-PX	Pearson 相关性	0.751**	−0.326	0.929**	0.564*	1	
	显著性（双侧）	0.000	0.186	0.000	0.015		
GSH	Pearson 相关性	0.232	−0.291	0.142	0.798**	0.006	1
	显著性（双侧）	0.354	0.242	0.575	0.000	0.982	

** 在 0.01 水平（双侧）上显著相关。
* 在 0.05 水平（双侧）上显著相关。

20 d 蓄积毒性试验后，可导致对虾体内产生氧化损伤，其中肝胰腺为主要氧化损伤部位，且对 T-2 毒素敏感，反应幅度较大。对虾肌肉和肝胰腺的各种抗氧化成分在不同的暴

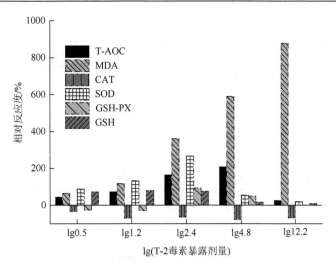

图 7-1 T-2 毒素暴露剂量对对虾肝胰腺中各指标相对变化率的影响

露剂量下表现不同,且存在指标间相互影响,反应机制较为复杂。对虾一旦暴露在 T-2 毒素环境下,对虾肝胰腺的 T-AOC 与 GSH-PX 相关性极显著 ($p<0.01$),且相关性较高,与 SOD 呈显著相关 ($p<0.05$)。MDA 与 CAT 呈负相关,且相关性显著 ($p<0.05$)。SOD 与 GSH-PX 显著相关 ($p<0.05$),与 GSH 极显著相关 ($p<0.01$)。以上表明抵御 T-2 毒素刺激,对虾肌肉中的 CAT、SOD 和 GSH-PX 起主要作用。低剂量时,肝胰腺中 MDA 和 SOD 起主要作用,在中剂量时,SOD 和 MDA 起主要作用,而高剂量时,MDA 起主要作用。

7.1.2 T-2 毒素对对虾肌肉的抗氧化酶损伤

肌肉中 T-AOC 与 CAT、GSH-PX 呈负极显著相关 ($p<0.01$),与 GSH 呈负显著相关 ($p<0.05$)。整体上 CAT、GSH-PX、GSH 和 V_E 起主要作用。低剂量时,对虾肌肉中 CAT 和 MDA 起主要作用,在中剂量时,SOD 起主要作用,而在高剂量组时,除 MDA 外各检测指标均起作用,表现为损伤效应(表 7-2、图 7-2)。

表 7-2 T-2 毒素暴露下对虾肌肉中各指标的相关性

		T-AOC	CAT	MDA	SOD	GSH-PX	GSH	V_A	V_{D3}	V_E
T-AOC	Pearson 相关性									
	显著性(双侧)									
CAT	Pearson 相关性	−0.686**	1							
	显著性(双侧)	0.002								
MDA	Pearson 相关性	−0.450	0.138	1						
	显著性(双侧)	0.061	0.54							

续表

		T-AOC	CAT	MDA	SOD	GSH-PX	GSH	V_A	V_{D3}	V_E
SOD	Pearson 相关性	0.259	−0.201	0.014	1					
	显著性（双侧）	0.299	0.423	0.957						
GSH-PX	Pearson 相关性	−0.735**	0.285	0.787**	−0.421	1				
	显著性（双侧）	0.001	0.251	0.00	0.082					
GSH	Pearson 相关性	−0.541*	0.116	0.602**	−0.731**	0.888**	1			
	显著性（双侧）	0.02	0.645	0.008	0.001	0.000				

**在 0.01 水平（双侧）上显著相关。
*在 0.05 水平（双侧）上显著相关。

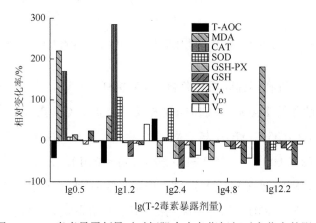

图 7-2　T-2 毒素暴露剂量对对虾肌肉中各指标相对变化率的影响

谷胱甘肽（GSH）为非酶类抗氧化物质，为评价 T-AOC 的一个重要指标。GSH 在肝胰腺中呈显著上升的趋势，与本章实验中 T-AOC 的趋势相似。而最大值对于剂量不同，暗示 T-AOC 受多种抗氧化物影响。而肌肉中的 GSH 的变化趋势与 V_A 相似，T-2 毒素刺激下，呈现抑制效应。1944 年刘玫珊发现雏鸡在黄曲霉毒素 B_1 刺激条件下，体内的 GSH 含量下降，与对虾肌肉中 GSH 的研究结果相一致。同时，肌肉中 V_{D3} 的变化趋势与肌肉中 T-AOC 相似。可能是对虾在抵抗 T-2 毒素刺激时，上述多种物质的协同作用抵御刺激（Deng et al., 2017；张晓迪, 2015）（表 7-3、图 7-3、图 7-4）。

表 7-3　T-2 毒素暴露对对虾肌肉和肝胰腺中 GSH 含量的影响

	T-2 毒素剂量/(mg/kg)						ANOVA
	0	0.5	1.2	2.4	4.8	12.2	
GSH 肝胰腺 /(mg prot/L)	31.81±11.00[c]	54.73±43.00[a]	57.10±72.00[a]	56.03±61.50[a]	37.49±71.40[b]	35.00±50.50[bc]	0.015
GSH 肌肉 /(mg prot/L)	48.52±81.28[a]	49.32±91.00[a]	29.99±90.50[c]	15.98±50.50[d]	38.92±81.05[b]	40.21±01.50[b]	0.018

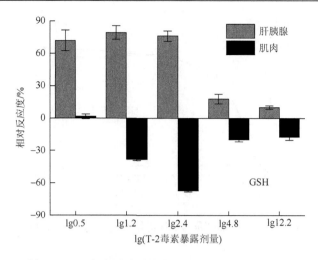

图 7-3　T-2 毒素对对虾体内 GSH 相对反应度的影响

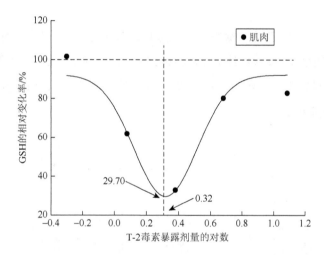

图 7-4　T-2 毒素暴露剂量的对数与对虾 GSH 含量相对变化率之间反应规律的拟合曲线

7.2　非特异性免疫系统损伤

7.2.1　T-2 毒素对肌肉 Ca^{2+}-ATPase 活性的影响

T-2 毒素剂量与凡纳滨对虾肌肉 Ca^{2+}-ATPase 活性的剂量-反应曲线为 $y = -3839 + 4047 \cdot (1 + 10^{-0.03 \cdot (41.87 + x)})^{-1}$。通过拟合公式得到半数有效量 ED_{50} 为 3.22 mg/kg，基本有效量 ED_{95} 为 7.52 mg/kg，肯定有效量 ED_{99} 为 7.96 mg/kg。根据图 7-5 曲线求得 LD_5 为 0.19 mg/kg，LD_1 为 0.12 mg/kg。因此安全系数（safety factor，SF）为 0.03 mg/kg，可靠安全系数（CSF）为 0.02 mg/kg，$CSF = LD_1/ED_{99}$。

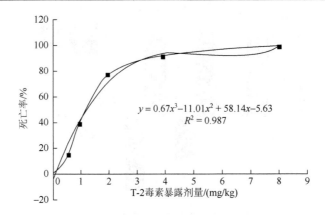

图 7-5 T-2 毒素暴露剂量与对虾群体累积死亡率的剂量反应关系

7.2.2 T-2 毒素对对虾肌肉 PPO 活性的影响（酚氧化酶激活系统）

经过 7 d 不同 T-2 毒素急性毒性经口暴露凡纳滨对虾之后，T-2 毒素剂量与凡纳滨对虾肌肉 PPO 活性的剂量-反应曲线为 $y = -108518 + 108619 \cdot (1 + 10^{-5.15 \cdot (0.60+x)})^{-1}$，通过拟合公式得到半数有效量 ED_{50} 为 0.05 mg/kg，基本有效量 ED_{95} 为 2.40 mg/kg，肯定有效量 ED_{99} 为 8.00 mg/kg（图 7-6）。

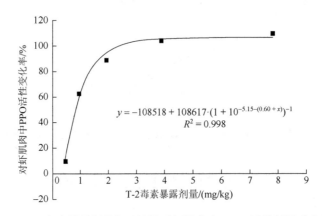

图 7-6 T-2 毒素暴露剂量与凡纳滨对虾肌肉中 PPO 活性剂量反应关系

7.2.3 对虾抗病力

凡纳滨对虾摄食不同染毒剂量饲料 20 d 后，分别在水环境中加入副溶血弧菌，计算 7 d 的累计死亡率和相对存活率，结果表明累计死亡率 1.2 mg/kg 剂量组＞0.5 mg/kg 剂量组＞12.2 mg/kg 剂量组＝4.8 mg/kg 剂量组＞2.4 mg/kg 剂量组（表 7-4）。对虾肝胰腺中弧菌的侵袭也呈现上述规律，说明高剂量 T-2 毒素暴露能够降低对虾抗病力，低剂量 T-2 毒素暴露可能导致对虾非特异性免疫出现毒物兴奋效应现象，进而出现 2.4 mg/kg 剂量组的抗病力比 0.5 mg/kg 剂量和 1.2 mg/kg 剂量的低剂量暴露组的更强（Wang et al., 2017）。

表 7-4 T-2 毒素 20 d 蓄积对对虾生长指标的影响

剂量/(mg/kg)	增重率/%	特定增长率/%	肥满度	存活率/%
0	22.38±0.63[b]	1.01±0.02[b]	1.92±0.06	92.22±1.92[c]
0.5	18.30±1.12[a]	0.84±0.05[a]	1.82±0.14	78.89±5.09[b]
1.2	18.12±0.82[a]	0.83±0.03[a]	1.82±0.14	72.22±1.92[a]
2.4	19.10±1.37[a]	0.87±0.06[a]	1.86±0.09	91.11±3.85[c]
4.8	17.77±1.81[a]	0.82±0.08[a]	1.84±0.04	88.89±1.92[c]
12.2	17.89±1.00[a]	0.82±0.04[a]	1.87±0.11	88.89±1.92[c]

注：$p>0.05$，差异不显著，用同肩标字母表示；$p<0.05$，差异显著，用不同肩标字母表示。

7.2.4 血细胞总数

对虾血细胞总数随饲料中 T-2 毒素的增加呈现峰值变化（表 7-5）。在 0.5 mg/kg 剂量组血细胞总数达到最高，但与对照组相比差异并不显著（$p>0.05$）。血细胞数量（THC）的变化在一定程度上反映了对虾的健康状态。THC 低于正常水平时对虾抵御病原的能力将大大降低。免疫刺激也会引起 THC 的变化，斑节对虾在注射 LPS 后血细胞数量迅速增加，然后缓慢下降。T-2 毒素使凡纳滨对虾的 THC 先上升后下降，说明真菌毒素对凡纳滨对虾的 THC 具有免疫刺激作用（Wang et al., 2017）。

表 7-5 T-2 毒素对凡纳滨对虾血细胞总数、溶菌酶和溶血活力的影响

剂量/(mg/kg)	血细胞总数/($\times 10^6 \cdot mL^{-1}$)	溶菌酶活力/(U/L)	溶血活力/U
0	8.00±1.00[bc]	77.78±9.62[b]	20.67±3.21[ab]
0.5	9.67±1.53[c]	61.11±9.62[b]	24.67±4.16[b]
1.2	8.33±0.58[bc]	66.67±16.65[a]	17.67±1.53[a]
2.4	5.00±1.00[a]	22.22±9.61[a]	16.33±2.51[a]
4.8	6.00±2.65[ab]	33.33±16.66[a]	17.33±3.51[a]
12.2	7.67±0.58[bc]	33.33±0.00[a]	16.67±2.51[a]

注：$p>0.05$，差异不显著，用同肩标字母表示；$p<0.05$，差异显著，用不同肩标字母表示。

7.2.5 凝集素

生理盐水对照组无凝集现象，在 V 型板底下沉降呈圆点状，在显微镜下观察可见

细胞分散分布于板底；而有凝集现象时在表层呈网状结构，在显微镜下观察，细胞呈簇状层叠成细胞团（图7-7）。随着饲料中T-2毒素浓度的增加，对虾血液红细胞的凝集活力表现为先上升后下降趋势（图7-8），0.5 mg/kg的T-2毒素对凡纳滨对虾血液中凝集素没有影响。在1.2 mg/kg和2.4 mg/kg则表现为免疫刺激，在高剂量组表现为免疫抑制。凝集素是甲壳动物体内具有免疫活性特性的自然存在或经诱导产生的非自我识别因子（Cheeke，1998）。凡纳滨对虾血清凝集活力在低剂量有轻微的下降，而在高剂量主要表现为免疫抑制。说明免疫刺激时，凡纳滨对虾凝集素表达量上升。研究表明T-2毒素可影响凡纳滨对虾多酚氧化酶活力，结合T-2毒素致使溶菌酶和溶血素下降说明对虾凝集活力协同溶血素、溶菌酶、酚氧化酶等共同发挥作用（Wang et al., 2017）。

(a) 对照

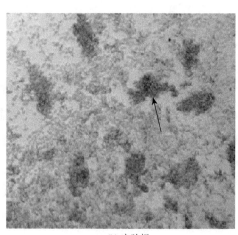
(b) 实验组

图7-7　染毒对虾血清对鸡血凝集结果（100×）

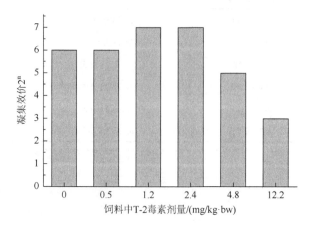

图7-8　T-2毒素对凡纳滨对虾血清凝集活力的影响

7.2.6 溶血素

溶血活力随饲料中 T-2 毒素的增加出现峰值变化（表 7-5）。在 0.5 mg/kg 剂量组，溶血活力达到最高，但与对照组相比差异并不显著（$p>0.05$）。溶血素是对虾血液中一种诱导性免疫蛋白，能够与红细胞发生免疫反应，具有溶血活力（Brake et al.，2000）。外源刺激物质的诱导可以提高血淋巴中溶血素的浓度，使其在清除和杀灭病原微生物的活动中发挥积极的作用。

7.2.7 磷酸酶

肝胰腺的磷酸酶活力大于血液的磷酸酶活力；血清中 ACP 活力大于 AKP 活力。血清中 AKP 先上升，后下降，在高剂量组（12.2 mg/kg）酶活力下降了 35.8%。实验组的 ACP 活力都比对照组有所增加（0.5%~27.4%），且随着 T-2 毒素剂量的增加，酶活力增长率下降。肝胰腺中的 AKP 总体上呈峰值变化，在低剂量组（0.5 mg/kg）酶活力显著增加，高剂量组（12.2 mg/kg）酶活力下降。肝胰腺 ACP 酶活力随 T-2 毒素剂量增加呈波动性变化，血清中 ACP 和 AKP 的变化都是先上升后下降。在高剂量时，由于 T-2 毒素引起免疫抑制和损伤作用引起血细胞含量下降，而磷酸酶的释放量和酶活力也随之下降。摄入 T-2 毒素之后凡纳滨对虾血清中的 AKP 和 ACP 升高，可能是对虾在 T-2 毒素作用下应急性激发酶活力的体现。这一现象在对虾感染病原体之后也被发现（李春德和杨进生，1987）。另外，磷酸酶还参与遗传物质、蛋白质、脂质的代谢，而肝胰腺作为对虾代谢最为旺盛的，负责生理代谢功能最多的器官，其磷酸酶的变化也是衡量对虾健康状态的重要指标之一。但实验结果显示肝胰腺的 ACP 和 AKP 的活力随剂量变化呈无规律性波动；因此，其无法作为评价 T-2 毒素对凡纳滨对虾毒性作用的敏感指标（表 7-6）。

表 7-6 T-2 毒素对凡纳滨对虾血清和肝胰腺磷酸酶的影响

剂量/(mg/kg)	血清（金氏单位/100 ml）		肝胰腺（金氏单位/g prot）	
	AKP	ACP	AKP	ACP
0	$0.95+0.15^b$	3.83 ± 0.66^a	248.69 ± 13.73^{abc}	237.57 ± 30.38^c
0.5	1.00 ± 0.39^b	4.33 ± 0.51^{ab}	307.27 ± 28.51^d	278.29 ± 21.61^d
1.2	1.04 ± 0.33^b	4.37 ± 0.24^{ab}	285.22 ± 28.29^{cd}	443.16 ± 30.06^e
2.4	1.32 ± 0.39^b	4.87 ± 0.43^b	240.45 ± 17.12^{ab}	144.82 ± 12.77^a
4.8	1.35 ± 0.19^b	3.92 ± 0.86^a	265.61 ± 9.45^{bc}	178.75 ± 6.68^{ab}
12.2	0.61 ± 0.18^a	3.85 ± 0.15^a	216.67 ± 18.71^a	200.49 ± 10.82^{bc}

注：$p>0.05$，差异不显著，用同肩标字母表示；$p<0.05$，差异显著，用不同肩标字母表示。

7.2.8 血清总蛋白含量

不同剂量组中血清总蛋白的含量呈峰值变化,各剂量组与对照组的差异显著($p<0.05$)。其中 4.8 mg/kg 组的血清总蛋白含量达到峰值,比对照组增加了 90.7%。血蓝蛋白浓度在 0.5~4.8 mg/kg 剂量组之间呈波形变化,高剂量(12.2 mg/kg)组其浓度下降了 33.3%,各剂量组与对照组之间的差异不显著($p>0.05$)。白蛋白变化受 T-2 毒素影响比较大,与对照组相比,白蛋白浓度随着 T-2 毒素剂量的增加呈显著($p<0.05$)下降趋势。T-2 毒素能够明显抑制机体蛋白质的合成,在雏鸡饲料中添加 T-2 毒素之后,血清中血清总蛋白和白蛋白减少(Tobias et al.,1992)。而血清总蛋白是对虾血清中各类免疫蛋白和代谢酶的总和,其含量的变化是机体营养代谢状态及免疫能力的体现。肝脏功能障碍能引起白蛋白含量的下降。T-2 毒素导致对虾血清中血清总蛋白浓度在中低剂量升高后在高剂量急剧下降(表 7-7),这说明 T-2 毒素对对虾肝胰腺造成了损伤,此结果可以作为评价 T-2 毒素对凡纳滨对虾的毒性作用的标志(Wang et al.,2017)。

表 7-7　T-2 毒素对凡纳滨对虾血清总蛋白的影响

剂量/(mg/kg)	血清总蛋白/(mg/ml)	血蓝蛋白/(mmol/L)	白蛋白/(g/L)
0	7.97±0.26[b]	0.06±0.01	7.23±1.17[c]
0.5	9.80±0.56[c]	0.05±0.01	7.16±0.87[c]
1.2	10.49±1.06[cd]	0.07±0.03	4.51±0.11[b]
2.4	11.32±0.15[d]	0.06±0.01	2.45±0.11[a]
4.8	15.20±0.55[e]	0.05±0.01	3.25±0.61[a]
12.2	5.89±0.71[a]	0.04±0.00	2.25±0.11[a]

注:$p>0.05$,差异不显著,用同肩标字母表示;$p<0.05$,差异显著,用不同肩标字母表示。

7.3　特异性免疫系统损伤

赭曲霉毒素可引起禽类抗体产量降低,影响体液免疫,引起细胞免疫能力下降。动物毒理学研究表明,免疫系统是 T-2 毒素攻击的主要目标,其主要作用于增殖活跃的细胞,如骨髓、肝和淋巴细胞等,对淋巴细胞的损害最为严重(柳芹,2011)。低浓度的 T-2 毒素就会影响人的胃肠免疫功能(Caloni et al.,2009)。Islam 等(2002)也指出 T-2 毒素的最大危害是动物免疫受抑制,造成免疫力低下,导致其他疾病发生。T-2 毒素对免疫系统的损伤作用表现为通过刺激或抑制免疫反应来增强或削弱机体免疫能力(Albarenque & Doi,2005)。杨天府等(2001)研究发现,短期腹腔注射 T-2 毒素后,可刺激免疫并增强李斯特菌抗病力,但高剂量接触 T-2 毒素情况下,则出现抑制免疫。Mann 等(1984)对小白鼠染毒 T-2 毒素后发现,抗乳腺炎能力也有类似的增强。这是因为低剂量暴露时机体受到免疫刺激,在炎症反应中起重要作用的基因被激活,血清中 IgA 和 IgE 抗体水平增加,从而增强机体的免疫功能(Visconti & Mirocha,1985)。而在高剂量情况下,T-2 毒素能使白细胞减少,淋巴结、脾脏、骨髓和胸腺等免疫器官和组织均可能受到损伤,从而导致机体免疫功能下降(Visconti & Mirocha,1985;Weidner et al.,2012;Welsch & Humpf,2012)。

根据灰色关联度方法分析比较凡纳滨对虾机体各指标(肝重比指标),得到凡纳滨对虾肝重比与饲料中 T-2 毒素剂量最相关,关联系数为 0.85,根据 T-2 毒素与干重比的剂量-效应拟合曲线(图 7-9),计算得出 ED_{50}(半数有效量)为 1.45 mg/kg。肝重比作为评价肌肉品质的免疫损伤指标,饲料中 T-2 毒素剂量对其影响不显著,但是通过灰色关联度分析,肝重比是与饲料中 T-2 毒素剂量最为相关的指标。饲料中 T-2 毒素剂量达 1.45 mg/kg 便会对半数凡纳滨对虾肝重比造成影响($p>0.05$),而肌肉和体重是差异性极显著的($p<0.01$),这正与 T-2 毒素阻断翻译,影响肌肉蛋白质形成的理论相吻合。肌肉是体重的主要组成部分,是产品质量分级的重要指标。由于凡纳滨对虾的肝胰腺与其他动物的肝脏有相似的生理功能,即对进入机体的毒素有肝肠首过效应,具有解毒的功能,虽然在表观上未检测出 T-2 毒素对其的损伤,但可以通过肝胰腺中的代谢酶进一步阐释 T-2 毒素对肝胰腺的损伤效应(代喆,2013)。

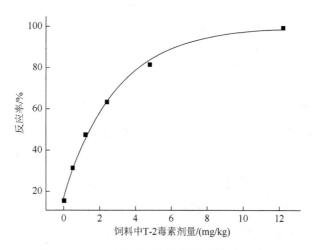

图 7-9 T-2 毒素与肝重比的剂量-效应拟合曲线

7.4 对功能酶活力的影响

7.4.1 肌动球蛋白的 ATPase 活力变化

凡纳滨对虾在经过含有不同浓度 T-2 毒素的饲料饲喂下,肌动球蛋白 ATPase 活力的变化如图 7-10 所示。三种 ATPase 活力趋势随 T-2 毒素剂量的增大而逐渐减小,均呈极显著变化（$p<0.01$），但 Ca^{2+}-ATPase 活力在 12.2 mg/kg·feed 剂量时出现上升趋势，原因可能是由于低剂量时 T-2 毒素抑制了肌钙蛋白与钙离子的结合能力，而在 12.2 mg/kg·feed 时结合能力恢复；而 Mg^{2+}-ATPase 和 Ca^{2+}-Mg^{2+}-ATPase 活力均随 T-2 毒素剂量的增大而极显著下降（$p<0.01$），且最后变化逐渐趋于平稳，这两种酶活力可作为研究 T-2 毒素引起凡纳滨对虾品质变化的潜在指标（梁光明，2014）。

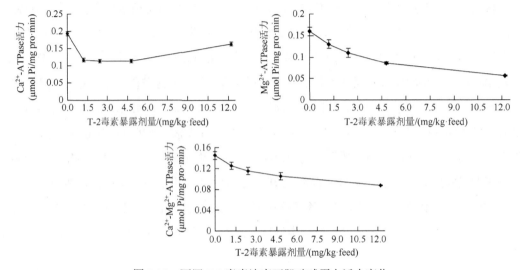

图 7-10　不同 T-2 毒素浓度下肌动球蛋白活力变化

7.4.2　肌动球蛋白巯基含量的变化

不同 T-2 毒素浓度下肌动球蛋白巯基含量的变化如图 7-11 所示。随着 T-2 毒素剂量的增大，巯基含量呈极显著变化（$p<0.01$），T-2 毒素浓度达到 4.8 mg/kg·feed 时巯基含量基本呈上升趋势，与 Ca^{2+}-ATPase 活性趋势相反，肌动球蛋白共含有 42 个巯基，而其含量增加可能是 T-2 毒素使肌动球蛋白含量发生改变，肌动球蛋白主要为肌动蛋白和肌球蛋白的结合，肌动蛋白和肌球蛋白存在于肌原纤维蛋白中，这正与肌动球蛋白 ATPase 活性的变化结果相一致（梁光明，2014）。

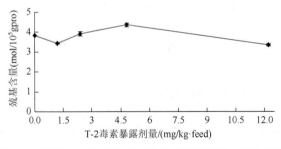

图 7-11　不同 T-2 毒素浓度下肌动球蛋白巯基含量的变化

7.4.3 肌动球蛋白 ATP 感度的变化

不同 T-2 毒素浓度下 ATP 感度的变化如图 7-12 所示。随 T-2 毒素浓度增加，ATP 感度呈极显著下降。说明 T-2 毒素能极显著降低肌动球蛋白对 ATP 的敏感性，使肌动球蛋白与 ATP 反应减弱，分子间摩擦减少，肌动球蛋白严重变性（梁光明，2014）。

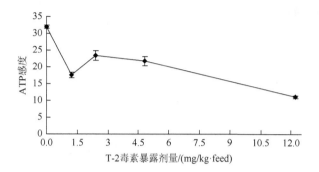

图 7-12 不同 T-2 毒素浓度下 ATP 感度变化

参 考 文 献

代喆，2013. T-2 毒素诱导凡纳滨对虾肌肉品质典型性状的变化规律[D]. 湛江：广东海洋大学.

李春德，杨进生，1987. T-2 毒素的毒性及其对造血系统的影响[J]. 国外医学：卫生学分册，(4)：223-228.

梁光明，2014. T-2 毒素诱导凡纳滨对虾肌肉蛋白质变化的规律[D]. 湛江：广东海洋大学.

柳芹，2011. JAK/STAT 信号通路在 DON 和 T-2 毒素对 RAW264.7 细胞毒性作用中的机制研究[D]. 武汉：华中农业大学.

杨天府，赵宝成，王光林，2011. T-2 毒素对胎儿软骨细胞 IL-1β 与 IL-6 分泌的影响[J]. 中华地方病学杂志，20（5）：322-324.

张晓迪，2015. T-2 毒素对凡纳滨对虾抗氧化防御系统的影响[D]. 湛江：广东海洋大学.

Albarenque S M, Doi K, 2005. T-2 toxin-induced apoptosis in rat keratinocyte primary cultures[J]. Experimental & Molecular Pathology，78（2）：144-149.

Brake J, Hamilton P B, Kittrell R S, 2000. Effects of the trichothecene mycotoxin diacetoxyscirpenol on feed consumption, body weight, and oral lesions of broiler breeders[J]. Poultry Science，79（6）：856-863.

Caloni F, Ranzenigo G, Cremonesi F, et al., 2009. Effects of a trichothecene, T-2 toxin, on proliferation and steroid production by porcine granulosa cells[J]. Toxicon，54（3）：337-344.

Cheeke P R, 1998. Natural Toxicants in Feeds, Forages, and Poisonous Plants[M]. Danville: Interstate Publishers, Inc., PO Box 50.

Deng Y, Wang Y, Zhang X, et al., 2017. Effects of T-2 toxin on Pacific white shrimp *Litopenaeus vannamei*: growth, and antioxidant defenses and capacity and histopathology in the hepatopancreas[J]. Journal of Aquatic Animal Health，29（1）：15-25.

Islam Z, Moon Y S, Zhou H R, et al., 2002. Endotoxin potentiation of trichothecene-induced lymphocyte apoptosis is mediated by up-regulation of glucocorticoids[J]. Toxicology & Applied Pharmacology，180（1）：43-55.

Mann D D, Buening G M, Osweiler G D, et al., 1984. Effect of subclinical levels of T-2 toxin on the bovine cellular immune system[J]. Canadian Journal of Comparatire Medicine，48（3）：308-312.

Qiu M, Wang Y L, Wang X B, et al., 2016. Effects of T-2 toxin on growth, immune function and hepatopancreas microstructure of shrimp（*Litopenaeus vannamei*）[J]. Aquaculture，462：35-39.

Tobias S, Rajic I, Vanyi A, 1992. Effect of T-2 toxin on egg production and hatchability in laying hens[J]. Acta Veterinaria Hungarica，40（1-2）：47-54.

Visconti A, Mirocha C J, 1985. Identification of various T-2 toxin metabolites in chicken excreta and tissues[J]. Applied & Environmental Microbiology, 49 (5): 1246-1250.

Wang X, Wang Y L, Qiu M, et al., 2017. Cytotoxicity of T-2 and modified T-2 toxins: induction of JAK/STAT pathway in RAW264.7 cells by hepatopancreas and muscle extracts of shrimp fed with T-2 toxin[J]. Toxicology Research, 6 (2): 144-151.

Weidner M, Welsch T, Hübner F, et al., 2012. Identification and apoptotic potential of T-2 toxin metabolites in human cells[J]. Journal of Agricultural and Food Chemistry, 60 (22): 5676-5684.

Welsch T, Humpf H U, 2012. HT-2 toxin 4-glucuronide as new T-2 toxin metabolite: enzymatic synthesis, analysis, and species specific formation of T-2 and HT-2 toxin glucuronides by rat, mouse, pig, and human liver microsomes[J]. Journal of Agricultural & Food Chemistry, 60 (40): 10170-10178.

第 8 章 水产动物中真菌毒素的分子毒性特征

8.1 蛋白质组学解析真菌毒素对肌肉分子标记蛋白的表达差异

8.1.1 建立对虾肌肉蛋白质双向电泳方法

建立凡纳滨对虾肌肉组织双向电泳分离技术并对其进行优化，通过液氮研磨+超声破碎的方式提取对虾肌肉组织蛋白质，采用 7 cm 的 IPG 胶条进行双向电泳，凝胶染色后进行图谱分析，并对裂解液配方、胶条 pH、蛋白质上样量、凝胶染色进行优化；结果显示采用液氮研磨+超声破碎的方式，应用裂解液 II 提取对虾肌肉蛋白质，采用 pH 4~7 IPG 胶条，蛋白质上样量 180 μg，并用考马斯亮蓝 G-250 胶体考染染色，能成功得到背景清晰、分辨率较高的凡纳滨对虾肌肉蛋白质双向电泳图谱（图 8-1），为凡纳滨对虾肌肉蛋白质组学分析及肌肉品质变化的标记识别提供基础（梁光明等，2015）。

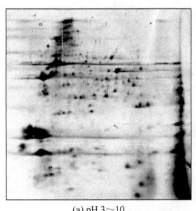
(a) pH 3~10

(b) 7 cm pH 4~7，胶体考染

图 8-1 不同 pH 的 IPG 胶条对凡纳滨对虾肌肉蛋白质的分离效果

8.1.2 T-2 毒素剂量诱导的凡纳滨对虾肌肉蛋白质组学变化

依照凡纳滨对虾 2-DE 优化方案，采用 7 cm，pH 4~7 IPG 胶条，蛋白质上样量 180 μg，被动水化上样进行等电聚焦，双向采用 12.5%分离胶对各剂量组对虾肌肉蛋白质进行

分离，胶体考染后得到分辨率较高和较清晰的蛋白质表达图谱，蛋白质分布模式较相似（图 8-2）（梁光明等，2015）。

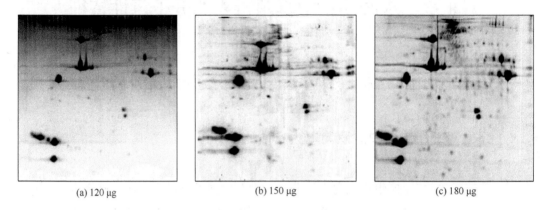

图 8-2　不同上样量之间凡纳滨对虾双向电泳图谱比较（7 cm，pH 4~7，胶体考染）

8.1.3　对虾肌肉蛋白质差异分析

对 5 个剂量组 2-DE 图谱蛋白点表达进行差异分析，对所有蛋白质点进行多重比较，得到 30 个具有统计学意义的差异蛋白质点（图 8-3）（梁光明等，2015）。

图 8-3　差异蛋白质点

8.1.4　T-2 毒素相关的差异蛋白质点

经过筛选，找到与 T-2 毒素成剂量相关的 12 个差异蛋白质点。

8.1.5 差异蛋白质的质谱鉴定

从凡纳滨对虾肌肉组织的 2-DE 凝胶中挖出 12 个差异蛋白质点，进行胶内酶切，经质谱鉴定后得到 12 个蛋白质点的肽指纹图谱，采用 Mascot 软件在美国国立生物技术信息中心（NCBI）真虾总数据库中进行检索，当蛋白质得分大于 54 分时认为蛋白质高于可信蛋白。12 个蛋白质点检索出 11 个蛋白质得分大于 54 分的点，有 1 个蛋白质（Spot2245）未鉴定出。经过质谱鉴定 12 个蛋白质点，得到 7 种同源蛋白和 1 个未知蛋白（图 8-4）。

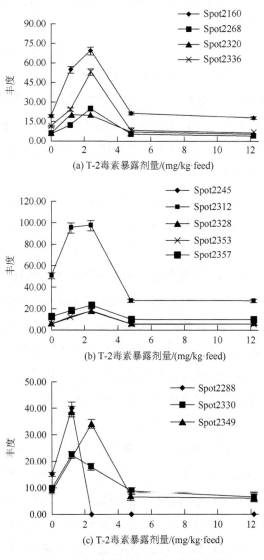

图 8-4 差异蛋白质点的丰度变化图

同源蛋白分别为：小泛素样修饰物-1（SUMO-1）、精氨酸激酶、磷酸丙糖异构酶、抑制蛋白 112、精氨酸激酶 B 链、70 kDa 热休克蛋白（部分）和卵黄原蛋白，根据这些同源蛋白的功能，推测它们是 T-2 毒素抑制对虾蛋白合成的作用靶点（梁光明等，2015）。

SUMO-1 属多功能性的蛋白，其中最重要的一点就是调控转录活性，底物多是共调节因子或转录因子，如 STAT1、Sp3 和 Elk1 等，均起到负调控作用。T-2 毒素对对虾体内 SUMO-1 存在显著影响，T-2 毒素抑制蛋白质的合成的一个原因可能是低剂量的 T-2 毒素诱导对虾体内的 SUMO-1 表达量增加，SUMO-1 的负调控机制起主导作用使转录受到抑制，蛋白质合成受到影响；而高剂量毒素使其表达量与对照组相当，可能原因是高剂量毒素影响对虾体内核糖体 60S 亚基的肽基转移酶起主导作用，而 SUMO-1 的负调控机制起辅助作用所致，导致其正常表达。

磷酸丙糖异构酶在糖酵解过程中起重要作用，是产生有效能量必不可少的酶。研究表明机体内若缺乏磷酸丙糖异构酶，可导致体内免疫系统先天失调，引发多系统疾病。T-2 毒素能够攻击机体免疫系统，在对虾暴露于低剂量 T-2 毒素时，磷酸丙糖异构酶含量增加，加大了能量代谢所提供的能量，支持对虾免疫系统修复损伤，保持对虾机体正常，而高剂量 T-2 毒素使磷酸丙糖异构酶表达量下降，体内能量供应不足，使对虾免疫系统受到损害后无法修复导致机体出现中毒症状。

热休克蛋白是机体受到应激反应后产生的一种蛋白质，热休克蛋白通常表达水平较低，当机体受到损伤（外界环境刺激或组织创伤等）时，其表达量明显增加。当对虾受低剂量 T-2 毒素刺激时，热休克蛋白表达量增加；而当机体暴露在高剂量 T-2 毒素下，对虾自身不足以修复损伤而导致永久性变化后，热休克蛋白表达恢复正常。

卵黄原蛋白是一种糖蛋白，具有凝血、转运、抗病原入侵和酶解等生物活性，在免疫防御方面有其独特的作用。当对虾暴露于低剂量 T-2 毒素时卵黄原蛋白参与机体免疫功能而导致表达上调；当对虾暴露于高剂量 T-2 毒素时会破坏对虾免疫系统，卵黄原蛋白表达与对照组相比略低。卵黄原蛋白随 T-2 毒素暴露剂量的增高呈先上升后下降趋势，表明低剂量的 T-2 毒素对对虾免疫系统具有刺激作用，而高剂量 T-2 毒素毒性过强，导致对虾免疫系统严重受损。

精氨酸激酶是甲壳类动物调节能量代谢最关键的酶之一，有研究表明，甲壳类动物在重金属和缺氧条件下，精氨酸激酶表达量有所变化，镉（Cd^{2+}）暴露其中，可以使精氨酸激酶表达下调，而缺氧环境下精氨酸激酶表达上调。对于暴露在毒素中的凡纳滨对虾而言，低剂量的 T-2 毒素使精氨酸激酶表达上调，原因可能是机体受到低剂量 T-2 毒素刺激，为避免体内能量代谢紊乱，机体对其调控以保持能量代谢平衡，而在中高量的 T-2 毒素刺激下精氨酸激酶的蛋白质点消失，与其他蛋白质相比对中高暴露剂量 T-2 毒素有明显特异性差异,很可能就是 T-2 毒素抑制蛋白质合成或损伤变异所致,具体原因有待进一步研究。

8.1.6 差异蛋白质的变化规律

差异蛋白质点 2160、2245、2268、2312、2320、2328、2336、2353、2357 丰度在 T-2 毒素浓度为 2.4 mg/kg·feed 时达到最大,之后呈下降趋势;差异蛋白质点 2330 和 2349 在 T-2 毒素浓度为 1.2 mg/kg·feed 时达到最大,之后随之下降;差异蛋白质点 2288 在 T-2 毒素浓度大于等于 2.4 mg/kg·feed 时消失,因此该蛋白质点可作为评价凡纳滨对虾受 T-2 毒素诱导后变化的潜在标记蛋白,将以上 12 个蛋白质点标记后作为质谱分析的待切点(图 8-5)(梁光明等,2015)。

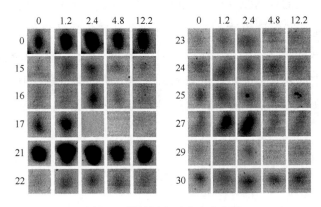

图 8-5 差异蛋白质点变化规律

8.2 真菌毒素引起的水产动物 DNA 损伤

宁守强(2016)通过 T-2 毒素对 DNA 的毒作用实验发现,T-2 毒素对 DNA 黏度影响的最佳作用条件为:T-2 毒素浓度 2.70 ng/μl;DNA 浓度 50 μg/ml;反应时间 T 为 43 min。T-2 毒素对 DNA 的 OD_{260} 值影响的最佳作用条件为:T-2 毒素浓度 0.70 ng/μl;DNA 浓度 60 μg/ml;反应时间 T 为 30 min。T-2 毒素对对虾 DNA 黏度及 OD_{260} 值的影响与小牛胸腺 DNA 具有相同的变化;在剂量组染毒对虾体内 DNA 黏度与体外实验结果具有相似性,整体黏度增加,但在 2.4 剂量组 DNA 黏度明显低于空白组,而 OD_{260} 值变化并不相符合。同时因 DNA 黏度的增加推测 T-2 毒素,可能以嵌插的方式与 DNA 结合,DNA 骨架磷酸负电荷能被中和,DNA 会弯曲凝聚;根据 DNA 的 OD_{260} 值的变化推测 T-2 毒素具有较强电负性的羟基和羧基,可能会被 DNA 两侧的带电磷酸基团吸附,紧密包围在核酸表面,并且 T-2 毒素上 O—H 与嘧啶和嘌呤的 N 原子和 O 原子可能形成氢键。T-2 毒素不能引起对虾 RNA 的 OD_{260} 值发生变化，这可能是由于 RNA 作为一种单链的核苷酸链，并不能吸附 T-2 毒素，或者说由于没有双螺旋结构，T-2 毒素并不镶嵌在 RNA 上，因此对其无影响。

8.3　关键抗氧化酶基因的损伤

采用实时荧光定量 PCR 的方法测定 CAT 和 SOD 的基因表达量。首先，通过多次引物的设计，摸索出一套可提高实验效率的方法，即手动设计和软件设计相结合的方法。CAT 的引物序列：CAT_F3 为 TCCCCATGAGGCCATACTT；CAT_R3 为 TGCGATTTCAA-GTGGCGATTA。SOD 的引物序列：SOD_F1 为 GGGAGCATGCTTACTACCTTCAGT；SOD_R1 为 ATAGCCGGTCAGCTTCTGAGTTAC。在进行荧光定量 PCR 时，摸索出对虾样品用量为 20 mg，在保证引物和模板有效结合且避免非特异性结合的情况下，CAT 和 SOD 的退火温度分别为 56℃和 58℃。T-2 毒素对对虾体内 CAT 和 SOD 基因表达量的影响均为先上升后下降，毒物兴奋效应。整体上肌肉比肝胰腺在 CAT 和 SOD 基因表达水平上更为敏感。CAT 基因的表达对 T-2 毒素更为敏感，约为 SOD 的 2 倍（Deng et al.，2017）。

8.4　关键酶活力变化

8.4.1　T-2 毒素对对虾肝胰腺和肠道总蛋白酶的影响

对虾体内肝胰腺的总蛋白酶活力高于肠道中总蛋白酶活力，则对虾体内蛋白酶主要位于肝胰腺。随着饲料中 T-2 毒素浓度的增加，肠道总蛋白酶活力呈下降趋势，而肝胰腺总蛋白酶活力在 0.5 mg/kg 剂量组时表现为酶活力增高，在 1.2～12.2 mg/kg 剂量组时酶活力均表现为酶活力下降（图 8-6），说明 T-2 毒素可以抑制肝胰腺和肠道蛋白的表达，从而使酶活力降低（邱妹，2015）。

8.4.2　T-2 毒素对对虾肝胰腺和肠道淀粉酶的影响

肝胰腺蛋白酶活力高于肠道。肠道淀粉酶活力随着 T-2 毒素浓度的增加呈现持续下降的趋势，而肝胰腺淀粉酶活力显示出先上升后下降趋势。0.5～4.8 mg/kg 剂量之间的淀粉

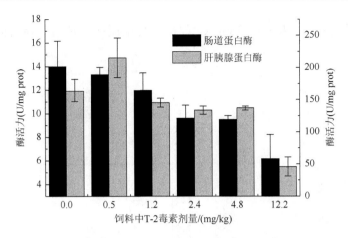

图 8-6　T-2 毒素对蛋白酶活力的影响

左侧坐标对应的是肠道蛋白酶，右侧坐标对应的是肝胰腺蛋白酶

酶活力显著高于空白对照组，12.2 mg/kg 剂量组的酶活力与对照组比较明显下降，说明饲料中 T-2 毒素降低了肝胰腺和肠道的淀粉酶活力（图 8-7），使对虾对碳水化合物的消化和吸收受到抑制（邱妹，2015）。

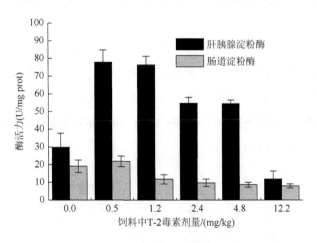

图 8-7　T-2 毒素对淀粉酶活力的影响

8.4.3　T-2 毒素对对虾肝胰腺和肠道脂肪酶影响

凡纳滨对虾的肠道脂肪酶活力高于肝胰腺部位的酶活力，说明脂肪和脂肪酸的代谢和吸收主要在凡纳滨对虾肠道中进行，不同剂量的 T-2 毒素使肝胰腺的脂肪酶活力呈波动变化，整体上呈现下降趋势，除了 2.4 mg/kg 剂量组脂肪酶活力高于对照组，其余剂量组的酶活力都低于对照组。肠道脂肪酶酶活力呈峰值变化，在 1.2 mg/kg 剂量组

达到最高值(图 8-8),且 0.5~4.8 mg/kg 剂量组肠道脂肪酶活力均显著高于空白组(邱妹,2015)。

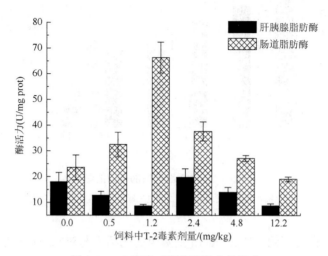

图 8-8　T-2 毒素对脂肪酶活力的影响

8.4.4　T-2 毒素对对虾肝胰腺谷草转氨酶(GOT)和谷丙转氨酶(GPT)的影响

凡纳滨对虾肝胰腺 GPT 活力呈峰值变化,在 0.5 mg/kg 剂量组达到最高值,在 2.4~12.2 mg/kg 剂量组 GPT 活力与对照组相比又急剧下降。不同剂量的 T-2 毒素使肝胰腺的 GOT 活性呈波动变化,整体上呈现下降趋势,除了 1.2 mg/kg 剂量组 GOT 活力高于对照组,其余剂量组的酶活力都低于对照组(图 8-9),说明 T-2 毒素可能会对对虾肝胰腺造成一定程度的损伤(邱妹,2015)。

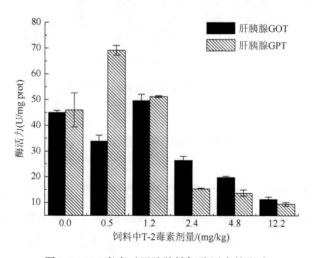

图 8-9　T-2 毒素对肝胰腺转氨酶活力的影响

8.4.5 T-2 毒素剂量与对虾消化酶之间的剂量-效应关系分析

以饲料中 T-2 毒素的剂量为横坐标，实验组的效应值与对照组的效应值之间的比值（相对反应系数）为纵坐标，用 Origin 8.5.1 拟合出剂量-效应关系曲线，肠道蛋白酶活力和肝胰腺蛋白酶活力符合 Alloment 模型，肠道淀粉酶活力符合 GaussAmp 模型，肠道脂肪酶、肝胰腺 GPT、GOT 活力符合 LogNormal 模型，并进行各指标的拟合曲线方程和方差分析，肝胰腺淀粉酶活力在 0.5～12.2 mg/kg 呈线性下降趋势，其曲线方程为 $y = 2.62x–0.18$（$R^2 = 0.9313$，$p<0.01$）；肝胰腺脂肪酶活力受 T-2 毒素剂量的影响而下降，但是其随剂量的增加而无规律性变化（图 8-10）。因此 T-2 毒素剂量与肝胰腺脂肪酶活力之间没有相应的剂量-反应关系曲线（邱妹，2015）。

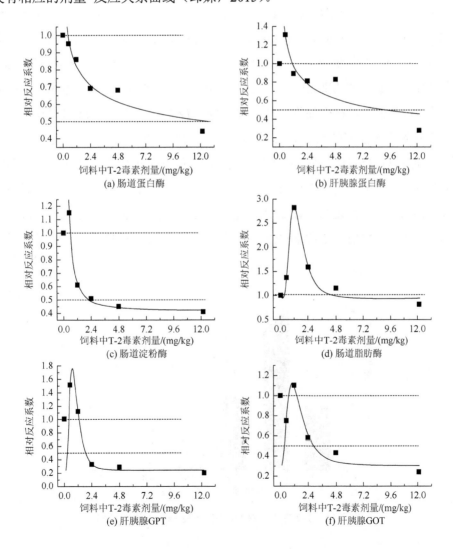

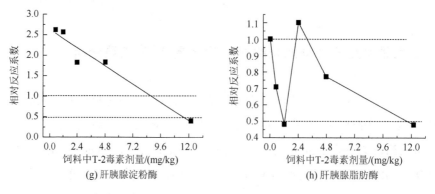

图 8-10 T-2 毒素与对虾消化酶之间剂量-效应关系

8.5 T-2 毒素对对虾肌肉谷胱甘肽硫转移酶基因表达的影响

肌肉中谷胱甘肽硫转移酶（GSTs）基因相对表达量如图 8-11 所示，在低染毒浓度（0.5 mg/kg）时，肌肉中 GSTs 相对 mRNA 水平达到最大，表达上调 1.5 倍，呈显著上升趋势（$p<0.05$）。可以看到 GSTs 的表达量随着染毒剂量的增加呈现先上升后下降的趋势，T-2 毒素最高剂量暴露时几乎无表达（代喆，2013）。在 0.5 mg/kg 染毒剂量时对虾肌肉中 GSTs 表达量显著升高，在中高染毒剂量时（2.4～12.2 mg/kg），GSTs 几乎无表达，说明低 T-2 毒素染毒剂量能够刺激 GSTs 的表达；在高剂量下可能存在两个原因，一个原因是高剂量毒素抑制 GSTs 表达，另一个原因可能是随着染毒剂量的加大，细胞毒性逐渐增大，从而导致细胞死亡，酶失活，不存在表达。但具体原因有待进一步验证，可通过对对虾肌肉中 GSTs 活力原因的测定来验证是否是酶失活。但有的研究表明对对虾进行 20 d 蓄积染毒在对虾肌肉中未检测出 T-2 毒素残留，本书的研究显示高剂量 GSTs 不表达或表达量很低，

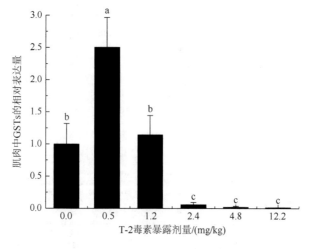

图 8-11 T-2 毒素对对虾肌肉 GSTs 基因表达的影响

如果对虾肌肉中是 GSTs 起主要作用，则当其被抑制时，毒素代谢慢，随着染毒剂量的加大，累积到一定程度，理论上应该能检测到毒素残留，然而事实并非如此，因此可推测，GSTs 不是对虾肌肉中主要代谢毒素的 Ⅱ 相酶。通过对对虾进行 20 d 蓄积毒性试验，检测对虾肌肉中 GSTs 表达，可知低剂量 T-2 毒素能够刺激对虾肌肉中 GSTs 基因高表达，在中高暴露剂量（2.4~12.2 mg/kg）时，肌肉中 GSTs 无表达。因此可推测 GSTs 不是对虾肌肉中主要代谢毒素的 Ⅱ 相酶。

参 考 文 献

代喆，2013. T-2 毒素诱导凡纳滨对虾肌肉品质典型性状的变化规律[D]. 湛江：广东海洋大学.

梁光明，庞欢瑛，王雅玲，等，2015. 凡纳滨对虾肌肉蛋白质双向电泳分离技术的建立及优化[J]. 中国食品学报，15（10）：240-246.

宁守强，2016. 凡纳滨对虾中 T-2 毒素及其残留物的分子毒性作用[D]. 湛江：广东海洋大学.

邱妹，2015. 对虾中隐蔽态 T-2 毒素危害特征与免疫毒性分子标记识别[D]. 湛江：广东海洋大学.

Deng Y, Wang Y, Zhang X, et al., 2017. Effects of T-2 toxin on Pacific white shrimp *Litopenaeus vannamei*: growth, and antioxidant defenses and capacity and histopathology in the hepatopancreas[J]. Journal of Aquatic Animal Health，29（1）：15-25.

第 9 章 水产动物中真菌毒素的代谢动力学特征

毒物代谢动力学简称毒代动力学，是药物代谢动力学（pharmacokinetics）原理在毒理学中的应用，是应用数学方法研究生物体内外源化合物或其代谢产物量随时间变化的动态过程，着重研究它们在体内的吸收、分布、生物转化和排泄过程的定量规律。其分析步骤大致可分为：①根据外源化合物在体内转运的特点，提出适当的房室模型；②根据选择的房室模型，列出微分方程求解；③由实验数据计算模型的各项参数及其误差估计；④利用毒代动力学数据对外源化合物进行毒理学安全性评价，或对中毒的处理及毒作用机制进行研究。多房室模型精度的提高是准确描述生物体中外源化合物代谢动力学的关键。而通过增加实验数据来提升多房室模型的精度无疑激化了毒理学研究与动物伦理之间的矛盾。采用有限的实验数据精确解析对虾中 T-2 毒素肌肉注射的三房室模型成为难点。本书采用粒子群智能优化算法，以肌肉注射点的 T-2 毒素的扩散作用为出发点，拟探明对虾中 T-2 毒素代谢的三房室模型。结果表明，粒子群智能优化算法克服了传统半对数统计法求解模型的缺陷，解决了少量数据精度高、毒素扩散因素的影响问题。通过提高收敛速度以精确迭代求解模型，在粒子迭代中引进了盲动子项以提高搜索效率，引进了多元线性回归以减少参数个数。最终以粒子群智能优化算法获得收敛速度且精度高（达 10^{-3} 级）的对虾中 T-2 毒素的三房室模型为

$$C_1(t) = 2107.6 - 892.3\mathrm{e}^{-2.2020t} - 416.6\mathrm{e}^{-0.6528t} - 797.7\mathrm{e}^{-0.001t}$$
$$+ (2107.6 - 892.3\mathrm{e}^{-2.2020(t-29.98)})\varepsilon(t-29.98)$$
$$- (416.6\mathrm{e}^{-0.6528(t-29.98)} + 797.7\mathrm{e}^{-0.001(t-29.98)})\varepsilon(t-29.98)$$

血液中 T-2 毒素的达峰时间：13 min；T-2 毒素吸收峰浓度值：1322.2 ng/ml，分布相（α 相）半衰期 0.315 min，快消除相（β_1 相）半衰期 1.062 min，慢消除相（β_2 相）半衰期 693.15 min，曲线下面积 AUC 为 0.931 mg·h/L，消除率 TBCL 为 3.222 L/(kg·h)。这些参数说明对虾中 T-2 毒素很快吸收达到高峰，并迅速分布到各个组织器官，但是消除速度很慢，极易在对虾中蓄积和残留，引起对虾危害和潜在的食品安全风险。

9.1 不同水产动物中真菌毒素的中毒剂量

黄曲霉毒素对鱼的毒性作用似乎有种特异性。据报道，虹鳟经口 10 d AFT 的半致死浓度（LD_{50}）为 0.5 mg/kg，而斑点叉尾鮰的 LD_{50} 为 15 mg/kg，含 2 mg/kg AFB_1 的饲料似乎对鲤鱼

无副作用。这些结果表明：冷水性鱼类对黄曲霉毒素比温水性鱼类敏感。对虹鳟的实验表明，其对 OTA 的 LD_{50} 为 4.7 mg/kg。鲶鱼对 CPA 的 LD_{50} 为 2.82 mg/kg。据报道，CPA 是美国南方生产的饲料最严重的污染物，CPA 中毒症状为神经中毒，中毒后出现严重痉挛。

关于 T-2 毒素的半数致死剂量（LD_{50}）只有 1991 年之前有所研究，主要是针对家兔和大小鼠等陆生动物。T-2 毒素经口一次性暴露剂量为 0.19 mg/kg 时，对虾出现死亡，远远低于文献报道的 T-2 毒素对虹鳟的剂量，说明 T-2 毒素对对虾的毒性比虹鳟强。根据毒理学急性毒性试验设计原则，动物体重是剂量分组所要考虑的重要影响因素，因为不同体重的同种动物对同一外源化合物的易感性存在很大差异，导致 LD_{50} 不同，由此可见，对于不同体重的对虾，半数致死剂量也是有所差异的，本次试验主要是针对成年中虾（体重 5 g 左右）。这一研究结果将为 T-2 毒素对凡纳滨对虾的实验性研究及限量标准研究提供理论依据。

为了探索 T-2 毒素对对虾产生的急性毒性效应，以及不同的染毒途径的 LD_{50} 实时呈现的变化规律，利用凡纳滨对虾进行经口染毒和注射染毒两种方法的染毒试验。其中经口染毒是一次性投喂毒饵料喂养，注射染毒是对对虾进行一次性肌肉注射毒素溶液，于 7 d 内每天实时观察和记录两种染毒途径对虾的死亡总数，所得数据根据寇氏原理，用 Excel 软件程序化计算两种染毒方法的实时 LD_{50}，再用 Origin 软件求出 LD_{50} 随时间变化的函数关系式。实验结果显示：T-2 毒素经口染毒对虾的 LD_{50} 随时间变化规律呈现指数函数关系。LD_{50} 数值从 1 d 至 7 d 逐渐减少，注射染毒的 LD_{50} 从 30.14 mg/kg 逐渐降低至 5.49 mg/kg，经口染毒的 LD_{50} 从 27 mg/kg 逐渐降低至 3.25 mg/kg。经口染毒的实时 LD_{50} 数值均小于注射染毒，说明经口染毒途径的急性毒性效应比肌肉注射染毒途径大。

比较 T-2 毒素对不同生长期对虾的急性毒性及其分析方法，明确对虾作为 T-2 毒素毒性评价的生物标记物的最佳时期，建立 T-2 毒素对对虾的急性毒性互补评价方法。通过对不同生长期凡纳滨对虾的急性毒性试验，采用寇氏法和概率单位法，计算得到 T-2 毒素对不同生长期凡纳滨对虾的 LD_{50}，并对两种方法求得的 LD_{50} 值进行分析比较。结果得到 T-2 毒素对虾卵、幼虾和成虾的 LD_{50} 分别为 2.33 mg/kg、1.79 mg/kg 和 3.34 mg/kg，且两种方法求得的 LD_{50} 无显著差异。研究表明 T-2 毒素对幼虾的急性毒性最强，即该时期对虾更适宜作 T-2 毒素的急性毒性生物标志物，采用寇氏法和概率单位法相结合的方法得到的 LD_{50} 值更具准确性。

根据替代性急性毒理学试验-探针剂量法原理，采用凡纳滨对虾肌肉注射染毒方式，以移动平均法计算得到 24 h 内 T-2 毒素在凡纳滨对虾体内的半数致死剂量。设定首次探针剂量为 3 mg/kg、30 mg/kg、300 mg/kg，首次试验每剂量虾数为 1 尾，根据 24 h 内的死亡情况增加 2 尾对虾验证结果，并设定之后试验剂量。根据首次试验找出死亡率为 0 与死亡率 100%的剂量后设置第二次试验剂量，按此方法将剂量范围逐渐缩小。最终根据各剂量组死亡率用移动平均法推算 24 h 内 T-2 毒素对凡纳滨对虾的半数致死剂量。染毒采用注射方式，在凡纳滨对虾第三或第四腹节处肌肉注射 0.1 ml 预先配制好的不同浓度的 T-2 毒素注射液。试验设置空白对照组和乙醇与生理盐水混合溶液对照组。采用探针剂量法测定、移动平均法推算凡纳滨对虾的半数致死剂量。研究可得 24 h 内 T-2 毒素对凡纳滨对虾的 LD_{50} 为 30 mg/kg。此项研究的优势是采用探针剂量法符合经济合作与发展组织（OECD）推荐的动物替代试验的思想，减少了动物的使用量，优化了动物试验，顺应了目前动物试验的发展趋势。尽管探针剂量法同其他替代性急性毒性试验方法一样，也存在迟发死亡引起判断困难和前后剂量产生矛盾反应的缺陷。但是，探针剂量法在初始致死和非致死剂量组之间增加 2 个新剂量组，共四组数据提供充分的数据计算 LD_{50} 和斜率，采用移动平均法消除相近剂量的波动效应，采用趋势线描述 T-2 毒素对对虾的总体效应，简单快速解决了对虾急性毒性评价指标获取难的问题，为进一步蓄积毒性试验奠定基础。

此项研究意义：与经口暴露的急性毒性相比，肌肉注射毒性相对较小，可能与扩散速率有关，尽管探针剂量法的 LD_{50} 仅是估算范围，但是对分布规律和毒代动力学研究的注射剂量分组具有重要意义。相对于其他动物，凡纳滨对虾具有更大的半数致死剂量，表明 T-2 毒素在凡纳滨对虾体内蓄积的可能性更大。

9.2 吸收与分布

建立 $\lg C\text{-}T$ 吸收曲线求得 $T_{1/2}$。在肌肉注射 3 mg/kg T-2 毒素后，观察凡纳滨对虾血液中 T-2 毒素浓度对数随时间变化规律。在对虾机体接触 T-2 毒素后，T-2 毒素在对虾体内代谢较快，在血液中的浓度呈平稳下降趋势，用消除速率法计算得到对虾血液中 T-2 毒素的 $T_{1/2}$ 为（9.64±0.537）min。

肌肉注射 3 mg/kg T-2 毒素后，T-2 毒素与 HT-2 毒素不同时间在凡纳滨对虾肠道、肝胰腺、头部、肌肉及外壳中的分布曲线见图 9-1。比较对虾不同组织中 T-2 毒素与 HT-2 毒素的富集系数（组织中的目标毒素浓度/血液中的目标毒素浓度），发现肌肉注射后，T-2 毒素迅速通过染毒部位扩散到血液中，30 min 时血液中 T-2 毒素浓度达到最高，随后 T-2 毒素通过生物转运到其他组织中浓度开始下降，1 h 后出现百倍的大幅下降速度。与此同时，血液中的 HT-2 毒素呈现上升后再下降的呼应关系，说明血液中的 T-2 毒素水解酶将其转化为 HT-2 毒素，1 h 后的大幅下降缘于外周组织的富集效应。首先，肠道中 T-2 毒素富集系数最大，而且随着时间推移，肠道富集能力不断增强，并在 16 h 时达到最大，说明 T-2 毒素对对虾是肠道首过效应，这与其他陆生动物和哺乳动物不同，可能是由于对虾属于甲壳动物，肠道吸收能力强的缘故。其次，虾壳的富集能力仅次于肠道，可能是由于外壳的主要成分是甲壳素，大量研究已经证明其具有较强的吸附作用，因此，外壳也是T-2毒素主要的贮存库。肝胰腺中HT-2毒素的蓄积能力比T-2毒素的强，说明肝胰腺的降解能力强。肌肉中也以HT-2毒素蓄积为主，因此，对虾肌肉中HT-2毒素残留量应该作为食品安全检测的主要目标物。

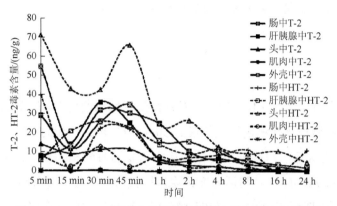

图 9-1　T-2、HT-2 毒素在凡纳滨对虾体内各部位的分布曲线

在外壳15 min，各部位毒素含量呈整体下降趋势，头中HT-2毒素含量从染毒后5 min至24 h内相对于其他部位毒素含量最高。T-2毒素在各部位达峰时间基本一致，30~45 min各部位T-2毒素与HT-2毒素均出现第二次峰值，肌肉中T-2毒素含量与外壳中HT-2毒素含量极低。T-2毒素与HT-2毒素整体变化趋势基本一致，并且在各部位的毒素含量总和的最大值相差不大，均为110 ng/g左右。T-2毒素在30 min时在对虾体内各部位总和达最大值，HT-2毒素总体达峰值时间稍晚于T-2毒素，为45 min。

用灰色关联度分析法，将急性染毒条件下凡纳滨对虾的头部、外壳、肌肉、肠道和肝胰腺中T-2毒素、HT-2毒素10个指标视为一个整体，分别以染毒剂量和存活时间为参照序列进行灰色关联度分析，染毒剂量与虾体各部位T-2毒素、HT-2毒素含量的关联度从大到小依次为头部T-2、肝胰腺T-2、肠道HT-2、肠道T-2、肝胰腺HT-2、头部HT-2、外壳HT-2、肌肉T-2、肌肉HT-2、外壳T-2；染毒对虾存活时间与虾体各部位T-2、HT-2含量的关联度由大到小依次为肠道HT-2、肝胰腺T-2、肝胰腺HT-2、肌肉T-2、肌肉HT-2、头部T-2、肠道T-2、外壳HT-2、头部HT-2、外壳T-2。从结果可知，染毒剂量与对虾免疫器官中毒素原型含量紧密相关，存活时间与对虾消化器官中T-2毒素的代谢产物含量关系密切。

第一，应用灰色关联度分析法找出对虾各组织中T-2毒素残留量与T-2毒素暴露剂量之间的相关性，根据关联度R1判断T-2毒素主要蓄积部位（头部、肝胰腺、肠道）、次要蓄积部位（肌肉、外壳）。第二，对虾死亡率与T-2毒素残留量之间的相关性，关联度R2

大的主要蓄积部位为 T-2 靶器官（依据是 T-2 毒素蓄积量大，死亡率高危害大，说明是 T-2 毒素主要攻击的器官），关联度 R2 小的主要蓄积部位为 T-2 毒素贮存库（依据是 T-2 毒素蓄积量大，死亡率高危害小，说明是 T-2 毒素主要贮存的器官）。第三，HT-2 毒素是 T-2 毒素的主要代谢产物，对虾死亡率与 HT-2 毒素残留量之间的相关性直接说明了 T-2 毒素蓄积部位的解毒能力，相关性大的头部也是 T-2 毒素主要蓄积部位，说明头部也是 HT-2 毒素的靶器官，同时也是 T-2 毒素主要的初级转化器官。

9.3 代　　谢

通过肌肉注射 T-2 毒素（$1/10\ LD_{50}$）对凡纳滨对虾急性染毒，解剖提取不同暴露时间的肝胰腺，制备肝微粒体并测定细胞色素 P450 酶（CYP450）活力，以及检测不同时间段肝胰腺和代谢产物含量，探明肝微粒体酶活力与暴露时间相关性。结果表明：EROD、ECOD、APND 和 ERND 四种酶活力变化规律均相同，符合 LogNormal 拟合曲线模型。与对照组相比，EROD 酶、ECOD 酶、APND 酶、ERND 酶活力依次在注射 T-2 毒素 10.3 min、7.3 min、7.9 min、8.5 min 达到峰值，表现为明显刺激作用（hormesis），最大刺激效应（maximum stimulatory respose）分别为 33%、15%、28%、43%，ECOD 酶、APND 酶和 ERND 酶的最大作用时间分别在 13.7 min、11.8 min 和 13.3 min，1 h 后除 EROD 酶外其他酶活力均低于正常水平，出现抑制作用，抑制幅度最大为 24.5%。T-2 毒素对 EROD 酶无抑制作用，说明对其影响不明显。这些酶的抑制作用可能是导致 HT-2 毒素蓄积加快的原因。

在血液中，GST 酶在 5 min 显著升高后迅速降低，肝胰腺中的 GST 酶活力显著高于其他组织样品（$p<0.05$）。与 0 min 的对照组相比，肝胰腺 GST 酶活力在 5~10 min 显著上升（$p<0.05$）。在肠道中，GST 酶活力在 15 min 后显著升高。与对照组相比肌肉和头部中的 GST 酶活力在 45~60 min 显著降低（$p<0.05$）。UGT 酶活力 10 min 后在肠道中显著增加（$p<0.05$），随后在 15 min 达到最大值（$p<0.01$）。在血液中，UGT 酶活力在 15 min 后显著增加，但在 30 min 后逐渐降低。UGT 酶在肌肉、头部和肝胰腺中都表现出较低的活性（$p<0.05$）。对虾头部的 SULT 酶活力在 5 min 内显著升高，在 10 min 内达到最大值，随后逐渐降低，但在 45 min 内始终高于对照组。在肠道中，SULT 酶活力在 5 min 后显著增加，但只在 15 min 和 60 min 与对照组相比有显著差异（$p<0.05$）。在肝胰腺中，SULT 酶活力在 30 min 后显著升高（$p<0.05$）。血液和肌肉里的 SULT 酶活力与对照组相比没有显著差异（$p>0.05$）。

使用 3p97 药代动力学软件进行数据分析及使用 Origin 8.5 软件对代谢酶活力进行拟合曲线分析，探究 T-2 毒素急性暴露对凡纳滨对虾毒代动力学及对代谢酶的影响。研究结果表明，血淋巴中 T-2 毒素浓度随时间增加逐渐降低；数据分析得出主要毒代动力学参数为 k_{12}：0.00 min^{-1}；k_{21}：9.66×10^{-2} min^{-1}；k_{13}：5.14×10^{-2} min^{-1}；k_{31}：1.41×10^{-3} min^{-1}；k_{10}：4.54×10^{-2} min^{-1}；$T_{1/2}\pi$：7.10 min；$T_{1/2}\alpha$：7.17 min；$T_{1/2}\beta$：1.06×10^{3} min；AUC：6.01×10^{4} ng·min/g；CL（s）：5.00×10^{-5} g/min；Vc：1.10×10^{-3} (mg/kg)/(ng/g)，数据符合毒代谢动力学的三房室模型。对虾肝微粒体中 ERND 与 APND 代谢酶活力变化趋势符合毒物刺激效应模型，即在暴露 T-2 毒素后迅速出现激活效应；经拟合曲线分析，与 APND 酶活力相拟合的函数为高斯方程，时间-反应拟合方程为：$y = 66.8(1-e^{-0.03x})^{-0.27}$，$R^2 = 0.752$；与 ERND 酶活力相对反应度相拟合的函数为 Chapman，其时间-反应拟合方程为：$y = 89.9 + 48e-2^{(x-9.4)^2/32.5}$，$R^2 = 0.995$。

T-2 毒素在小鼠肝微粒体中代谢比在对虾肝微粒体中代谢快，T-2 毒素代谢的同时 HT-2 毒素迅速生成，T-2 毒素在小鼠肝微粒体中代谢的 $T_{1/2}$ 是 35.9 min，而在对虾肝微粒体中代谢 $T_{1/2}$ 为 990 min，是小鼠的 26 倍多。小鼠的固有清除率为 65.05 ml/(min·kg)，对虾的固有清除率为 0.316 ml/(min·kg)，小鼠的固有清除率是对虾的 200 倍多。这说明小鼠和对虾肝微粒体中存在的酶系不同，代谢途径也不同，从而导致代谢能力也有差别，肝微粒体体外代谢 T-2 毒素可以为体内代谢 T-2 毒素提供参考。代谢速度越慢 T-2 毒素在体内残留的时间越长，造成的危害也越大。对虾肝微粒体对 T-2 毒素的固有清除率低于小鼠肝微粒体，说明对虾对 T-2 毒素的代谢能力较弱，T-2 毒素对对虾的危害较大（王雅沛，2015）。

T-2 毒素在小鼠肝微粒体中的主要代谢产物有 HT-2, 3′-OH-T-2，9-OH-T-2，de-epoxy-HT-2，在对虾肝微粒体中的主要代谢产物有 HT-2, 3′-OH-T-2。T-2 毒素在小鼠肝微粒体中代谢产物含量随着孵育时间的增加而逐渐增加；T-2 毒素在对虾肝微粒体中含量随着孵育时间的增加而缓慢减少，同时 HT-2 毒素代谢产物含量也缓慢增加。T-2 毒素在小鼠和对虾肝微粒体中代谢产物种类不同，不同种属间代谢途径不同，酶系不同（王雅沛，2015）。

9.3.1　四种毒素定期递增染毒对对虾 I 相关键解毒酶的影响

T-2 毒素、AFB$_1$、OTA 和 DON 暴露对对虾肝微粒体细胞色素 b$_5$ 含量的影响如图 9-2 所示。从图 9-2a 可看出，不同剂量 T-2 毒素暴露对对虾肝微粒体含量影响，总体规律呈现波动性变化。与对照组相比，第 8 d 时细胞色素 b$_5$ 含量明显升高（$p<0.05$），之后细胞色素 b$_5$ 含量逐渐下降，但未低于对照组。从图 9-2b 中可看出，AFB$_1$ 暴露后 0~12 d 对虾肝微粒体细胞色素 b$_5$ 含量呈现逐渐上升趋势，在 12 d 时达到最大值，随后迅速降低，但与对照组相比无明显变化（$p>0.05$）。从图 9-2c 看出，OTA 暴露后对虾肝微粒体细胞色素 b$_5$ 含量第 8 d 时与对照组相比显著升高（$p<0.05$），并达到最大值，随后迅速下降，在

16 d 和 20 d 时显著低于对照组，并在 20 d 时达到最小值。图 9-2d 中可得出，DON 暴露后对虾肝微粒体细胞色素 b_5 含量在 4 d 内显著升高，并在第 4 d 达到最大值，随后逐渐下降，第 20 d 时细胞色素 b_5 含量最低，且低于对照组。对虾肝微粒体中细胞色素 b_5 含量增加量与四种真菌毒素暴露剂量不成比例关系，且 OTA 在第 8 d 细胞色素 b_5 含量明显高于其他毒素暴露时的含量。细胞色素 b_5 作为一种电子载体在 CYP 催化外源化合物代谢过程中起到重要作用（Derbyshire et al.，2015）。邓义佳（2016）发现，四种真菌毒素暴露后除罗非鱼 AFB_1 暴露后细胞色素 b_5 含量无明显变化外，其余三种真菌毒素暴露后细胞色素 b_5 均呈现倒"U"形变化，呈现出显著毒物刺激效应（hormesis）（Mushak，2013）。毒物刺激效应主要表现为低剂量的应激源诱导适应性反应，主要反映在加速增长率、代谢酶激活等方面。高剂量暴露后会抑制生长及降低代谢酶活力，最终造成机体损伤。

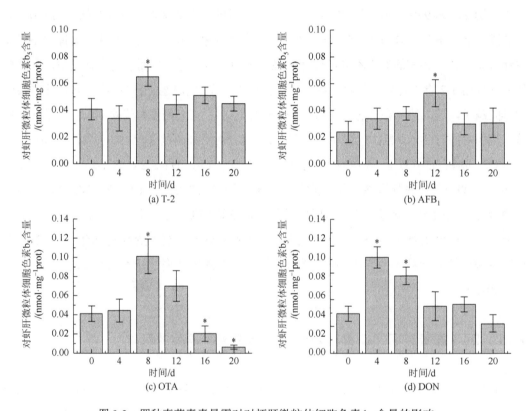

图 9-2　四种真菌毒素暴露对对虾肝微粒体细胞色素 b_5 含量的影响

如图 9-3 所示，T-2 毒素暴露对对虾 NCCR 酶活力的影响不显著，仅在第 16 d 时出现明显降低（$p<0.05$）。AFB_1 暴露后对 NCCR 酶活力影响较明显，第 4 d 酶活力被显著诱导，随后均保持高比例的诱导活性（$p<0.01$）。OTA 暴露后对虾肝微粒体 NCCR 酶活力呈现逐渐升高趋势，并在第 16 d 达到最大值（$p<0.01$），约为对照组的 3.4 倍；第 20 d

时略有降低，但仍显著高于对照组。DON 暴露后前 8 d NCCR 酶活力无明显变化，第 12 d 后呈现显著升高趋势，第 20 d 仍显著高于对照组（$p<0.05$）。

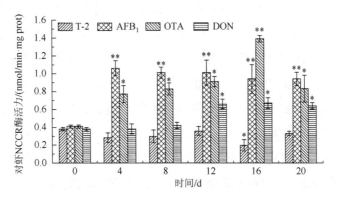

图 9-3　四种真菌毒素暴露对对虾肝微粒体 NCCR 酶活力的影响

如图 9-4 所示，不同 T-2 毒素暴露时间 AH 酶活力与对照组相比无明显变化，T-2 毒素暴露时间对对虾肝微粒体 AH 酶活力影响较小。AFB_1 暴露后对对虾 AH 酶活力影响最显著，在第 4 d 出现显著升高（$p<0.05$），第 8 d 后酶活力升高更为显著（$p<0.01$），总体呈现显著诱导效应。OTA 暴露后对虾 AH 酶活力在第 4 d 也呈现显著升高，随后迅速下降，第 20 d 后与对照组无明显差异。DON 暴露后对虾 AH 酶活力规律波动较为明显，与对照组相比分别在第 4 d 与第 16 d 有显著升高（$p<0.05$）。

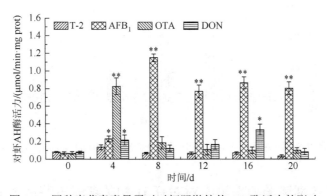

图 9-4　四种真菌毒素暴露对对虾肝微粒体 AH 酶活力的影响

如图 9-5 所示，T-2 毒素暴露后对虾 EROD 酶活力呈现波动状态，在第 4 d 和第 12 d 与对照组相比显著升高（$p<0.05$），第 12 d 后逐渐降低，与对照组无明显差异。AFB_1 暴露后对虾 EROD 酶活力呈现先上升后下降，最后上升趋势，第 4 d、8 d 和 20 d 与对照组相比酶活力显著上升（$p<0.05$），在第 12 d 和第 16 d 时与对照组相比无明显变化。OTA 暴露后对虾肝微粒体 EROD 酶活力总体呈现显著先上升后下降趋势，分别

在第 4 d、8 d 和 12 d 酶活力有极显著升高（$p<0.01$），随后逐渐下降，但仍显著高于对照组（$p<0.05$）。DON 暴露后对虾 EROD 酶活力在第 12 d 显著升高（$p<0.05$），随后下降至对照组水平。本章研究结果表明，I、II 相代谢酶活力在整个毒素暴露周期均显示出先刺激后抑制效应，且发生刺激效应的时期并不是贯穿整个暴露周期，而是主要集中在前 16 d，此阶段因受酶活力刺激，细胞出现损伤速度较缓慢。在 20 d 后，大部分酶活力显著低于对照组水平，对虾与罗非鱼体内毒素出现高残留及细胞完整性被破坏，这与病理组织观察到肝细胞出现明显损伤后溶解，最后丧失细胞功能现象相吻合。其代谢酶活力也呈现同样规律，NCCR 酶作为存在于肝微粒体中一种重要 CYP450 混合功能氧化酶类，对细胞氧化代谢过程传递电子具有重要作用（Poensgen & Ullrich，1980）。结果显示，AFB_1 与 OTA 暴露后对虾肝微粒体 NCCR 酶活力显著升高，表明机体在对抗毒素产生氧化自由基程度升高。在罗非鱼机体内，NCCR 酶活力在 20 d 内均显著降低，且与对虾相同剂量暴露下相比，罗非鱼肌肉中 T-2 毒素残留较高，可说明 T-2 毒素在罗非鱼体内蓄积程度比对虾强。EROD 酶与 AH 酶作为 CYP 家族中的微粒体酶，在毒素暴露后同样表现出明显升高趋势，表明机体抗氧化代谢能力升高，但各种毒素暴露后其具体代谢途径，还需要进一步研究。

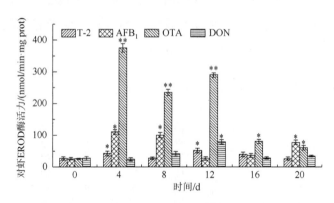

图 9-5　四种真菌毒素暴露对对虾肝微粒体 EROD 酶活力的影响

9.3.2　T-2 毒素定期递增剂量染毒对对虾 II 相关键解毒酶活力的影响

对虾饲料递增剂量染毒试验，共染毒 20 d，4 d 为一周期，累积染毒剂量分别为 0 mg/kg、19.2 mg/kg、48.0 mg/kg、91.2 mg/kg、156.0 mg/kg 和 253.2 mg/kg。图 9-6 为对虾不同部位的主要 II 相关键解毒酶的酶活力变化图。可知在整个递增剂量染毒试验过程中，GSTs 主要在对虾血液、肝胰腺和肠道中起作用，在对虾肌肉中被抑制；UGT 酶活力在肌肉中第 8 d（48.0 mg/kg 染毒剂量）达到最大值，在剩下的四个部位中也是在染毒第 8 d 时，酶活力达到

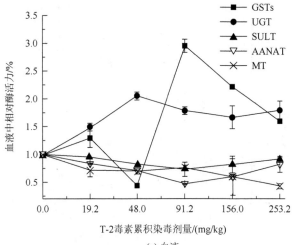

(a) 血液

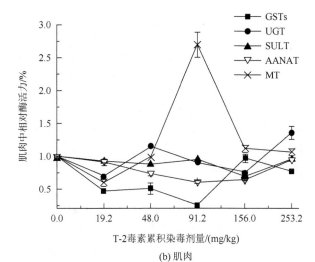

(b) 肌肉

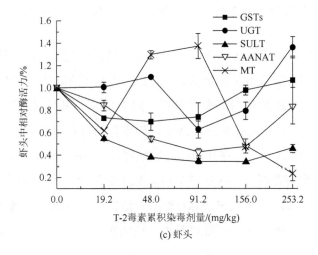

(c) 虾头

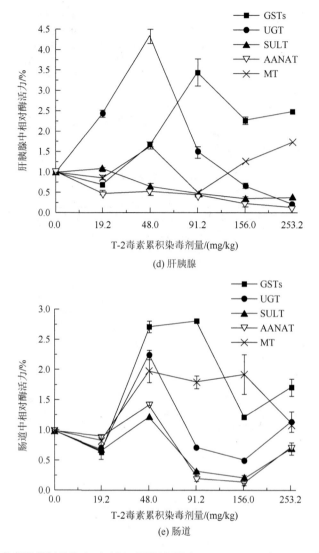

图 9-6　T-2 毒素递增剂量染毒对对虾不同组织器官 GSTs、UGT 和 SULT 酶活力的影响

最大激活状态；SULT 酶活力在对虾血液和肌肉中变化不明显，趋于稳定状态，而在对虾虾头和肝胰腺中随着染毒剂量的加大，SULT 酶活力逐渐降低，在对虾肠道中，SULT 仅在染毒第二阶段结束时酶活力为正常对照组的 1.22 倍，其他时间段均处于抑制状态。纵观 AANAT 酶活力变化，仅在对虾肠道中，当累积染毒剂量为 48.0 mg/kg 时，酶活力超出正常水平的 0.43 倍，在其他部位其他染毒剂量时，酶活力均低于正常水平；MT 酶活力一般在中高累积染毒剂量（48.0~91.2 mg/kg）时达到最大，由图可看出，在累积染毒剂量为 91.2 mg/kg 时，对虾虾头和肌肉中的 MT 酶活力均处于高水平，而肝胰腺中 MT 酶活力降至最低水平，低于正常对照组，说明在这一染毒时期，MT 在对虾肝胰腺中不起主要作用。

9.3.3 AFB$_1$ 毒素对虾 II 相关键解毒酶活力变化规律

采用 AFB$_1$ 毒素递增剂量染毒试验,共染毒 20 d,4 d 为一周期,累积染毒剂量分别为 0 mg/kg、4.8 mg/kg、12.0 mg/kg、22.8 mg/kg、39.0 mg/kg 和 63.3 mg/kg,图 9-7 为感染 AFB$_1$ 毒素对虾不同部位的主要 II 相关键解毒酶的酶活力变化图。由图可知在整个递增剂量染毒试验过程中,GSTs 主要在对虾肌肉和虾头中起作用,试验各个阶段均处于激活状态。对虾血液中 UGT 酶活力前期被抑制后期被激活,在其余四个部位中,均在染毒第 8 d(12.0 mg/kg)时酶活力高于正常对照组。而 SULT 在对虾血液、肌肉和虾头中均趋于稳定状态,在正常水平范围内波动;通过观察肝胰腺和肠道中 SULT 酶活力变化,可猜测 SULT

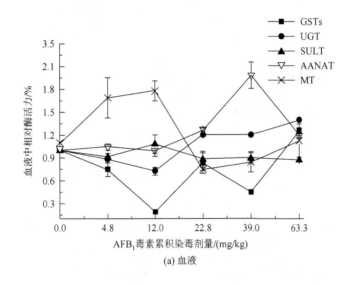

(a) 血液

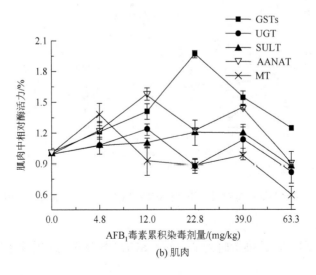

(b) 肌肉

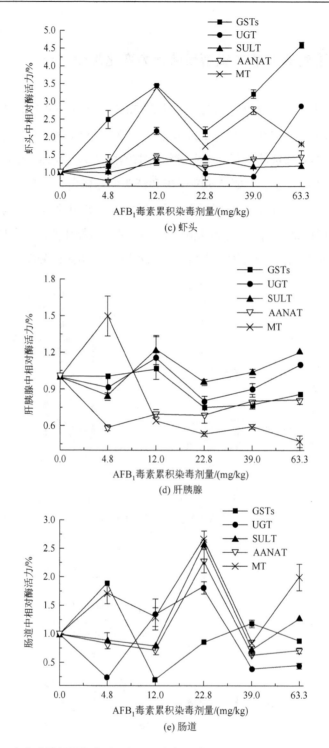

图 9-7 AFB$_1$ 毒素递增剂量染毒对对虾不同组织器官 GSTs、UGT 和 SULT 酶活力的影响

最先在肝胰腺中起作用,随着染毒时间的累积,SULT 转移至肠道中起作用。AANAT 酶

活力在血液染毒第四阶段和肠道染毒第三阶段分别达到最大,为正常水平的 1.99 倍和 2.28 倍;肌肉中的 AANAT 酶活力在最后阶段下降至正常水平以下,前期阶段均处于激活状态;虾头中的 AANAT 酶活力变化不大;整个试验过程中 AFB$_1$ 对肝胰腺 SULT 酶活力影响相对较小,仅在 22.8 mg/kg 和 63.3 mg/kg 时,会刺激肝胰腺 SULT 酶活力上升。MT 在对虾不同部位中,在染毒初始阶段酶活力均上升,在肌肉、虾头和肝胰腺染毒最后阶段酶活力呈下降趋势,而在血液和肠道中有上升趋势。

AFB$_1$ 毒素对对虾 II 相关键解毒酶活力的影响研究结果表明,GSTs 是生物体重要的解毒酶,主要是催化还原型谷胱甘肽(GSH)与亲电物质结合。AFB$_1$ 作为重要的致癌因素,本身并不致癌,其致癌机制尚无明确定论,一般认为 AFB$_1$ 进入人体经 CYP450 活化为致癌物,同时经 GSTs 作用代谢排出体外。Yagen 和 Bialer(1993)发现葡糖醛酸能够与少量的 T-2 毒素结合,形成葡糖醛酸化合物排出体外。硫酸化反应是生物体的化学防御性反应,乙酰化和甲基化也是机体活动不可缺少的部分。

9.3.4 DON 毒素对虾 II 相关键解毒酶活力变化规律

如图 9-8 所示,采用 DON 毒素递增剂量染毒试验,共染毒 20 d,4 d 为一周期,累积染毒剂量分别为 0 mg/kg、24.0 mg/kg、60.0 mg/kg、114.0 mg/kg、195.0 mg/kg 和 316.5 mg/kg,血液中主要是 GSTs 和 UGT 酶起作用,其中 UGT 酶在第二染毒阶段酶活力达到最大值,而 GSTs 在第三阶段达到最大,SULT 酶活力变化不大,可推测其主要起辅助作用;而肌肉中的 GSTs、UGT、SULT 和 AANAT 酶活力呈现一致的变化趋势,酶活力先下降后上升,且均在正常或正常以下水平变化,整个过程中,MT 酶活力变化较大,除在第二阶段酶活力降至最低外,其他阶段均被激活;纵观虾头中的关键 II 相酶活力变化,其大致趋势

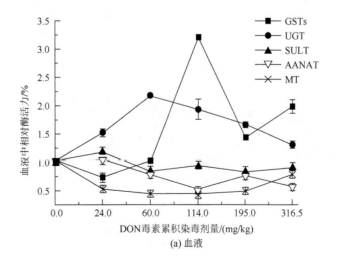

(a) 血液

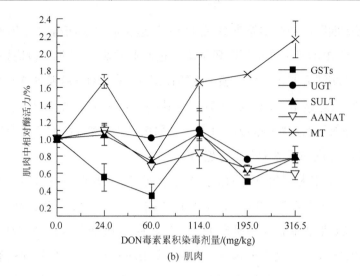

(b) 肌肉

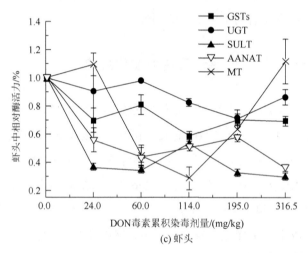

(c) 虾头

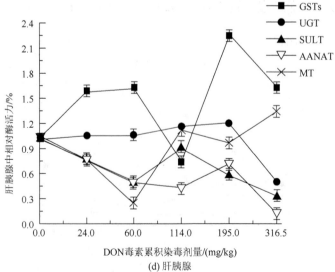

(d) 肝胰腺

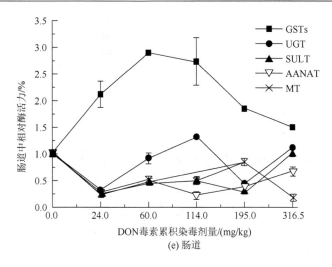

(e) 肠道

图 9-8 DON 毒素递增剂量染毒对对虾不同组织器官 GSTs、UGT 和 SULT 酶活力的影响

均为随着染毒剂量的累积，酶活力下降，低于正常水平；对虾肝胰腺中，GSTs 酶活力在染毒剂量累计为 114.0 mg/kg 时，为空白组的 0.74 倍，被抑制，其他阶段酶活力均处于正常水平以上，UGT 酶活力在染毒达到第五阶段时，一直处于稳定状态，第五阶段时酶活力下降；而 MT 波动较大，第五阶段开始才呈现激活趋势；由肠道中相对酶活力变化趋势图可看出，肠道中是 GSTs 酶起主导作用，整个过程中一直处于激活状态。

9.3.5 OTA 毒素诱导对虾 II 相关键解毒酶活力变化规律

OTA 毒素累积染毒剂量分别为 0 mg/kg、7.12 mg/kg、17.80 mg/kg、33.82 mg/kg、57.85 mg/kg 和 93.90 mg/kg，分为五个阶段染毒，共染毒 20 d（图 9-9），血液中 GSTs 酶活力呈现先下降后上升再下降的趋势，在累积染毒剂量为 33.82 mg/kg 时，酶活力达到最大，为 5.83%，是空白对照组的 1.19 倍；UGT 酶活力在后期（第四至第五阶段）酶活力才从抑制状态恢复正常；而 SULT 酶活力整个过程中一直处于稳定状态，没明显变化；AANAT 酶活力呈现上升状态；MT 酶活力变化较大。在对虾肌肉中，五种关键酶作对比，GSTs 酶活力被激活，MT 酶活力同样浮动较大。对虾虾头中五种酶活力，MT 酶活力在第四至第五阶段抑制，其他阶段酶活力均高于正常水平；而 GSTs 酶活力最高。UGT、SULT 和 AANAT 在对虾肝胰腺中变化趋势一致，均在累积染毒剂量为 57.85 mg/kg 时酶活力存在最大值，GSTs 和 MT 被抑制。在对虾肠道中，UGT 和 SULT 变化趋势相似，在第四阶段酶活力被激活并达到最大值，而 GSTs 和 MT 的酶活力变化趋势相反，AANAT 酶活力始终被抑制。

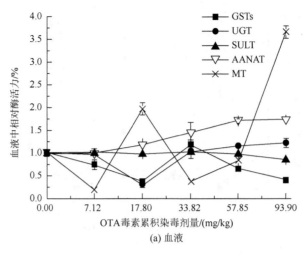

(a) 血液

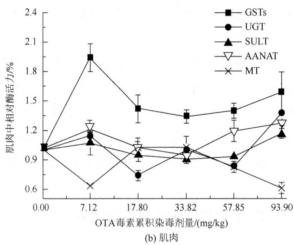

(b) 肌肉

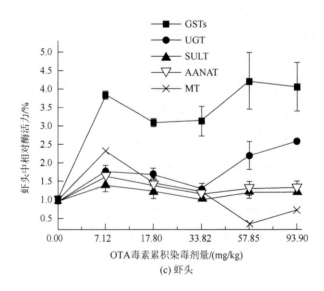

(c) 虾头

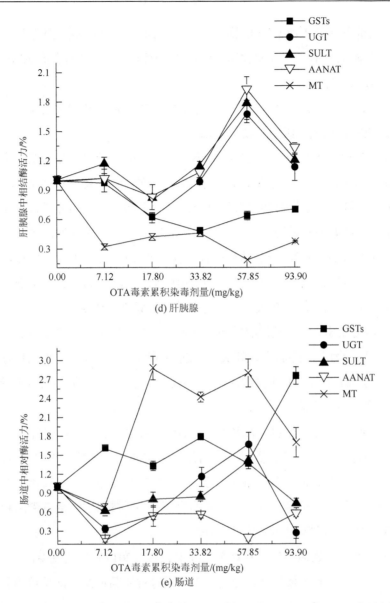

图 9-9 OTA 毒素递增剂量染毒对对虾不同组织器官 GSTs、UGT 和 SULT 酶活力的影响

生物在受到外界刺激时，会激发其体内的一系列生物反应来保护机体自身，本书的研究主要以 II 相关键酶活力为研究对象，研究毒素对其的影响。在 T-2 毒素递增剂量染毒试验中，对虾中主要是 GSTs 和 UGT 酶活力激活率最大，且在低中累积染毒剂量时反应最灵敏。AFB_1 能够改变对虾不同组织器官中 II 相关键酶的活性，不同部位受损时，其内部的酶活力也会受到影响，因此可根据酶活力的变化评价毒素对动物不同组织器官的损伤。Shen 等（1996）研究 GSTs 是早期肝损伤的显著标志，而本书试验结果显示染 AFB_1 对虾肝胰腺受到了一定程度的损伤。对于 AFB_1 染毒剂量递增，不同部位酶活力变化规律不同，

纵观 AFB$_1$ 对对虾Ⅱ相解毒酶活力的影响，可得出 GSTs 和 MT 是反应最明显的酶。甲基化反应是参与外源物质的一种Ⅱ相代谢反应。GSTs 和 MT 可作为评价 AFB$_1$ 对凡纳滨对虾毒性作用的敏感指标。

GSTs、UGT、SULT、AANAT 和 MT 是生物体内重要的Ⅱ相代谢酶，与动物体内的一系列生化反应密切相关，维持生物体内部平衡。

田雪亮等（2006）研究表明，玉米根系不同保护性酶对于串珠镰孢菌毒素的诱导反应不同。本书研究通过对对虾不同部位Ⅱ相关键酶活力的测定，发现对虾血液和肝胰腺中的 GSTs 呈现相反趋势，外源化合物进入生物体内一般是通过血液循环进入身体各部，一般是肝首过效应，DON 进入对虾体内首先抑制 GSTs 酶活力，进入肝脏中，肝脏发挥解毒作用，内部 GSTs 酶活力升高，起主要作用，经过一段时间后，毒素主要在血液中产生毒性，刺激血液中的 GSTs 酶活力升高。而肠道中的 GSTs 酶活力一直处于激活状态，但肠道随染毒剂量的加大损伤越来越大，可能是由于对虾肠道中微生物的存在使得 GSTs 酶活力一直处于高活力状态，实际情况有待进一步研究。对虾肌肉中 MT 酶活力表现明显。总的来看，UGT 酶活力在对虾肌肉、虾头、肝胰腺和肠道中一直处于平稳状态，而在血液中 GSTs 下降时，血液中 UGT 才被激活，推测 UGT 可能是一个功能存储酶，起候补作用，对于维持机体稳定不可或缺。

生物体内的代谢酶主要包括Ⅰ相酶和Ⅱ相酶，Ⅰ相酶主要是增加外源物质的水溶性，而Ⅱ相酶主要通过结合反应使物质代谢排出体外，重要的Ⅱ相酶主要有 GSTs、UGT 和 SULT 等。本书试验中随着染毒时间的进行，GSTs 在对虾虾头、肌肉和肠道中酶活力先逐渐上升，最后下降趋于平稳，但是高于正常水平，MT 在肠道中受毒素影响最大，后期一直处于激活状态，但在其他部位变化不明显。

毒素排泄主要与肠道微生物密切相关。周浪花等（2017）研究发现，T-2 毒素对对虾肠道菌的影响，采用螺旋平板法技术分析 T-2 毒素对对虾肠道菌菌落总数的影响，对虾肠道内细菌分为需氧菌及厌氧菌，通过比较 T-2 毒素添加前后新鲜的对虾肠道细菌总数，结果表明 T-2 毒素能够影响对虾肠道菌的生长。在 T-2 毒素影响对虾肠道菌生长的同时，T-2 毒素含量也相应减少。说明对虾肠道菌可对 T-2 毒素进行降解（张春辉，2013）。

9.4 蓄积毒性特征——对虾对 T-2 毒素的耐受性及蓄积强弱

根据死亡率与剂量关系，通过 Origin 软件拟合曲线方程计算可得凡纳滨对虾在一次性投喂含 T-2 毒素的饲料后的 LD$_{50}$ 值为 24 mg/kg。按定期递增剂量法染毒凡纳滨对虾，至第 7 d 剂量组对虾死亡一半，前 4 d 饲喂毒饵料浓度为 2.4 mg/kg，后 3 d 饲喂毒饵料为

3.6 mg/kg，根据公式 $K = \text{LD}_{50}(n)/\text{LD}_{50}$ 有 $K = 20.4/24 = 0.85 < 1$，即 T-2 毒素在凡纳滨对虾体内高度蓄积。至对虾死亡一半后给予一次性冲击，剂量组死亡率与对照组无显著差异，即凡纳滨对虾对 T-2 毒素无明显耐受。20 d 蓄积毒性试验结果显示，凡纳滨对虾在口服 T-2 毒素剂量为 0.5 mg/kg、1.5 mg/kg、4.5 mg/kg、13.5 mg/kg 的染毒饲料后，用 LC-MS/MS 方法，血液、头部、肌肉、外壳、肝胰腺和肠道中均未检出 T-2 毒素或 HT-2 毒素。

定期递增剂量法 K 值的测定：递增染毒性试验组剂量设计及对虾死亡结果见表 9-1。由表可知，随着试验的进行，对虾死亡数量逐渐增多。T-2 毒素染毒组对虾试验第五阶段死亡率累计达到 50.48%，累计死亡数量超过一半。染毒对虾至第 18 d 时试验组对虾死亡一半；AFB$_1$ 染毒组对虾在试验的第五阶段对虾死亡率累计达到 58.10%，累计死亡数量超过初始对虾数量的一半，染毒对虾至第 13 d 时剂量组死亡数量达到一半；DON 染毒组对虾死亡率累计达到 52.38%，累计死亡数量超过初始对虾数量的一半，试验中染毒对虾至第 17 d 时剂量组对虾死亡一半；由表 9-1 可知，随着试验的进行，OTA 染毒组对虾死亡数量逐渐增多，在 20 d 染毒试验结束时对虾死亡率累计达到 41.90%，累计死亡未超过初始对虾数量的一半。根据蓄积性毒性分级标准得出 T-2 毒素属于中等蓄积；AFB$_1$ 属于明显蓄积；DON 属于中等蓄积。

表 9-1 四种真菌毒素定期递增染毒及对虾的死亡数据分析

染毒天数/d		1~4	5~8	9~12	13~16	17~20
染毒剂量/(mg/kg)	T-2	4.8	7.2	10.8	16.2	24.3
	AFB$_1$	1.200	1.800	2.700	4.050	6.075
	DON	6.000	9.000	13.500	20.250	30.375
	OTA	1.780	2.670	4.005	6.008	9.011
死亡数/尾	T-2	2	5	9	16	18
		0	6	11	16	19
		1	5	8	16	16
	AFB$_1$	2	6	10	19	20
		2	7	11	20	22
		1	6	13	18	19
	DON	1	5	12	15	18
		1	6	15	17	19
		1	5	14	18	18
	OTA	2	10	10	12	13
		3	7	11	15	16
		3	7	11	13	15
死亡率/%	T-2	2.86±2.86	15.24±1.65	26.67±4.36	45.71±0.00	50.48±4.36
	AFB$_1$	4.76±1.65	18.10±1.65	32.38±4.36	54.29±2.86	58.10±4.36
	DON	2.86±0.00	15.24±1.65	39.05±4.36	47.62±4.36	52.38±1.65
	OTA	7.62±1.65	22.86±4.95	30.48±1.65	38.10±4.36	41.90±4.36

参 考 文 献

邓义佳,2016. 调控肝微粒体酶对鱼/虾中常见真菌毒素危害的消减机制[D]. 湛江:广东海洋大学.
田雪亮,陈锡岭,2006. 串珠镰刀菌粗毒素对小麦种子萌发及幼苗根系的毒害研究[J]. 种子,25(10):13-15.
王雅沛,2015. 对虾和小鼠肝微粒体对 T-2 毒素体外转化的比较研究[D]. 湛江:广东海洋大学.
张春辉,2013. 对虾肠道中 T-2 毒素降解菌的分离纯化与鉴定[D]. 湛江:广东海洋大学.
周浪花,王雅玲,张春辉,等,2017. 对虾肠道中 T-2 毒素降解菌的分离纯化与鉴定[J]. 微生物学杂志,(6):50-56.
Derbyshire M C,Michaelson L,Parker J,et al.,2015. Analysis of cytochrome b5 reductase-mediated metabolism in the phytopathogenic fungus Zymoseptoria tritici reveals novel functionalities implicated in virulence[J]. Fungal Genetics & Biology,82:69-84.
Mushak P,2013. Limits to chemical hormesis as a dose-response model in health risk assessment[J]. Science of the Total Environment,443(443C):643-649.
Poensgen J,Ullrich V,1980. Transfer of cytochrome b5 and NADPH cytochrome c reductase between membranes[J]. Biochimica Et Biophysica Acta,596(2):248.
Shen H M,Shi C Y,Shen Y,et al,1996. Detection of elevated reactive oxygen species level in cultured rat hepatocytes treated with aflatoxin B1[J]. Free Radical Biology & Medicine,21(2):139.
Yagen B,Bialer M,1993. Metabolism and pharmacokinetics of T-2 toxin and related trichothecenes[J]. Drug Metabolism Reviews,25(3):281-323.

第 10 章　水产品中 T-2 毒素残留的危害、食品安全性评估及检测技术

10.1　对虾中 T-2 毒素残留对小鼠的遗传毒性

10.1.1　对虾中 T-2 毒素残留物对小鼠免疫器官毒性评价

将对虾随机分组，每组 20 尾，低、中、高剂量（3 mg/kg、6 mg/kg 和 9 mg/kg）T-2 毒素肌肉注射染毒对虾，分别取对虾不同组织（肌肉、肠道、肝胰腺、血液）匀浆液灌胃小鼠（表 10-1）。与对照组相比，低剂量染毒对虾对小鼠的巨噬细胞吞噬能力并未产生显著影响（$p>0.05$），而中、高剂量染毒对虾的四个部位对巨噬细胞的吞噬能力都能产生显著影响（$p<0.05$），明显低于对照组。高剂量染毒对虾肌肉对小鼠碳粒廓清指数和吞噬系数都能产生显著影响（$p<0.05$），而肝胰腺组和肠道组有所下降但并不显著（$p>0.05$），血液组则无明显变化（$p>0.05$）。

由刀豆球蛋白 A（ConA）诱导小鼠脾淋巴细胞转化能力指标测定结果可知，肌肉和肝胰腺组中，只有中剂量的虾样与对照组相比有显著变化（$p<0.05$），低、高剂量处理样与对照相比无显著变化（$p>0.05$）。而肠道与血液组中，高剂量染毒虾样对小鼠淋巴细胞转化能力影响与对照组相比具有显著差异（$p<0.05$），明显弱于对照组。同时，与对照组相比，实验组小鼠的脾脏指数和胸腺指数随着灌胃对虾 T-2 毒素次数的增加而呈下降的趋势，但下降的趋势大部分是不显著的（$p>0.05$），其中脾脏指数只有高剂量染毒对虾肌肉和血液组才与对照组有显著差异（$p<0.05$），而胸腺指数只有高剂量染毒虾肠道组、血液组与对照组有显著差异（$p<0.05$）（吴朝金等，2015）。

表 10-1　小鼠免疫功能指标测定结果（$n=6$）

灌胃样本	组别	巨噬细胞吞噬能力 OD 值	碳粒廓清试验 碳粒廓清指数（K 值）	碳粒廓清试验 吞噬系数（a 值）	脾淋巴细胞转化 OD 差值	免疫器官指数 脾脏指数	免疫器官指数 胸腺指数
肌肉	对照	0.363 ± 0.030^a	0.017 ± 0.001^a	4.579 ± 0.151^a	0.121 ± 0.015^a	3.488 ± 0.261^a	2.442 ± 0.383
	低剂量	0.361 ± 0.016^a	—	—	0.127 ± 0.016^a	3.310 ± 0.155^{ab}	2.473 ± 0.681
	中剂量	0.165 ± 0.037^b	—	—	0.041 ± 0.033^b	3.270 ± 0.157^{ab}	2.190 ± 0.350
	高剂量	0.139 ± 0.027^b	0.011 ± 0.003^b	3.342 ± 0.340^b	0.119 ± 0.018^a	3.043 ± 0.206^b	2.133 ± 0.396

续表

灌胃样本	组别	巨噬细胞吞噬能力 OD值	碳粒廓清试验 碳粒廓清指数（K值）	碳粒廓清试验 吞噬系数（a值）	脾淋巴细胞转化 OD差值	免疫器官指数 脾脏指数	免疫器官指数 胸腺指数
肝胰腺	对照	0.308±0.034ª	0.015±0.001	4.354±0.228	0.184±0.013ª	3.578±0.566	2.380±0.383
肝胰腺	低剂量	0.322±0.047ª	—	—	0.199±0.053ª	3.333±0.413	2.148±0.333
肝胰腺	中剂量	0.165±0.067ᵇ	—	—	0.059±0.049ᵇ	3.290±0.320	2.052±0.479
肝胰腺	高剂量	0.174±0.066ᵇ	0.013±0.002	3.914±0.352	0.131±0.045ª	3.213±0.265	1.918±0.345
肠道	对照	0.337±0.024ª	0.016±0.002	4.449±0.050	0.155±0.011ª	3.555±0.549	2.303±0.422ª
肠道	低剂量	0.317±0.045ª	—	—	0.113±0.016ᵇ	3.383±0.151	2.210±0.284ᵃᵇ
肠道	中剂量	0.183±0.053ᵇ	—	—	0.142±0.009ᵃᵇ	3.310±0.426	2.108±0.283ᵃᵇ
肠道	高剂量	0.229±0.012ᵇ	0.014±0.002	4.234±0.175	0.049±0.014ᶜ	3.363±0.480	1.893±0.311ᵇ
血液	对照	0.263±0.049ª	0.016±0.001	4.494±0.228	0.274±0.052ª	3.372±0.333ª	2.260±0.210ª
血液	低剂量	0.246±0.042ᵃᵇ	—	—	0.242±0.037ª	3.113±0.125ᵃᵇ	2.152±0.301ᵃᵇ
血液	中剂量	0.175±0.057ᵇ	—	—	0.224±0.011ª	3.010±0.174ᵇ	1.898±0.173ᵇ
血液	高剂量	0.191±0.046ᵃᵇ	0.017±0.007	4.490±0.502	0.063±0.019ᵇ	2.943±0.142ᵇ	1.960±0.282ᵇ

注：同一行数据右上角不同字母表法差异显著（$p<0.05$）。

10.1.2 微生物转化的隐蔽态 T-2 毒素毒性评价

低剂量 T-2 毒素和 HT-2 毒素经弯曲假单胞菌（*Pseudomonas geniculata*）生物转化至无游离态毒素检出时，其产物的毒性评价对真菌毒素生物降解技术开发具有重要意义。通过小鼠灌胃不同剂量 T-2 毒素、HT-2 毒素降解产物，根据毒理学方法检测小鼠骨髓嗜多染红细胞微核率。雄性小鼠产生的微核率均高于雌性小鼠，各剂量组的微核率与阴性组相比差异显著（$p<0.05$）。经过生物转化的 T-2 毒素和 HT-2 毒素仍具有遗传毒性，而且雄性比雌性易感性更强，同时为 T-2 毒素和 HT-2 毒素生物转化物中存在结合态的 T-2 毒素提供佐证（邱妹，2015）。

10.1.3 MTT 法评价蓄积极限对虾结合态 T-2 毒素毒性的免疫细胞毒性

在 MTT 试验中（图 10-1），当阴性提取剂对照组添加的浓度为 0.04%～2%时，其对细胞的抑制率是 6%～10.7%，说明 5% DMSO-PBS 溶液对 MTT 试验影响不大。在同一浓度，肌肉的提取物对细胞的抑制率均高于肝胰腺，当肌肉提取物的添加浓度为 2%，其对细胞的抑制率高达 85.7%。说明经过注射之后在 4 个 $T_{1/2}$（9.6 min）的代谢蓄积之后，肝胰腺中残留的隐蔽态 T-2 毒素浓度低于肌肉，且肌肉提取物的 IC_{50} 是 0.4042%。因此，选择肌肉组织经过不同的物理、化学和生物酶处理，添加量为 0.4042%来进行对虾体内隐蔽态 T-2 毒素残留物的解离效果评价（Huang et al., 2017）。

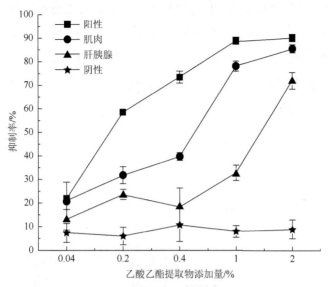

图 10-1　不同浓度的提取物对细胞抑制率的影响

急性染毒对虾的肌肉经过高压、不同浓度的酸液和碱液理化处理之后，各样品处理组对小鼠巨噬细胞的抑制率均高于空白组，其中高压处理组的细胞抑制率$(56.5\pm1.16)\%$最高；在盐酸处理组中，低浓度组的细胞抑制率高于高浓度处理组（图 10-2），结果表明盐酸的解离效果随浓度的增加而减弱（Huang et al., 2017）。

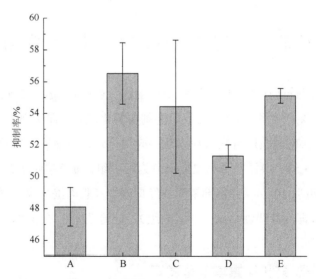

图 10-2　不同物理化学处理提取物对细胞的抑制率的影响
A：空白；B：高压；C：0.02 mmol/L 盐酸；D：0.2 mol/L 盐酸；E：0.2 mol/L 氢氧化钠

不同生物酶处理组对小鼠巨噬细胞的抑制率均高于空白组,且人工胃液组和人工肠液组的细胞抑制率明显高于相对应空白组,表明人工胃液和人工肠液都能将对虾肌肉中的隐蔽态 T-2 毒素解离出来,其中人工肠液组的抑制率(64±0.97)%明显高于其他组,表明人工肠液是解离对虾中隐蔽态 T-2 毒素残留物的最佳方法(图 10-3)。综上所述,实验所采取的不同人工干预也能将对虾中隐蔽态 T-2 毒素残留物解离出来,其中人工肠液的解离效果最佳(Huang et al., 2017)。

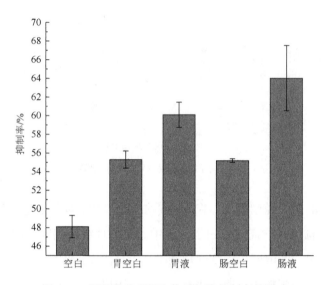

图 10-3　不同酶处理提取物对细胞抑制率的影响

10.2　对虾中隐蔽态 T-2 毒素对小鼠的毒性效应分析

往饲料中添加不同剂量的 T-2 毒素(0 mg/kg、0.5 mg/kg、1.2 mg/kg、2.4 mg/kg、4.8 mg/kg、12.2 mg/kg)蓄积 20 d 之后取肌肉制备匀浆液。将虾头部分的壳分离出来用液氮研磨成粉末状,头部的肌肉直接与粉末状头壳混合均匀,按照 10%的添加量,经压缩制备成小鼠饲料。将 SPF 级昆明种小鼠随机分为两大组,每组按照 T-2 毒素染毒对虾分成 6 组。肌肉匀浆液组以 10 g/kg 体重剂量两次经口灌胃(肌肉组),虾壳和虾头按每天每只小鼠 10 g 饲料正常饲养量喂食小鼠(非肌肉组)。试验期间正常给水,连续试验 7 d。

10.2.1　小鼠形态观察和体重增长率测定

肌肉灌胃组小鼠在试验第 4 d 开始 4.8 mg/kg 和 12.2 mg/kg 组的采食量有轻微下降,

饮水正常，第 7 d 精神开始萎靡。饲料喂食组在试验期间饮食正常，精神状态良好，无异常表现。随着染毒剂量的增加，小鼠的增重率下降。在灌胃 1 d 之后，不同剂量之间的增重率没有差异；3 d 之后，1.2 mg/kg 剂量组的增重率高于对照组（$p<0.05$），其余组与对照组差异不显著（$p>0.05$）；5 d 之后各剂量组之间差异明显，4.8 mg/kg 和 12.2 mg/kg 剂量组与对照组相比显著下降（$p<0.05$）；7 d 之后，各剂量组与对照组相比差异显著，随着剂量的增加，5 d 和 7 d 之间增重率显著下降。饲料喂食组的增重率变化规律与肌肉灌胃组相似，但中剂量组（1.2 mg/kg、2.4 mg/kg 和 4.8 mg/kg）之间增重率差异不显著（$p>0.05$）（图 10-4），在不同的时间点之间饲料喂食组的增重的变化率小于肌肉灌胃组，可能是由于虾头中的毒素含量高于肌肉部位的含量所引起（邱妹，2015）。

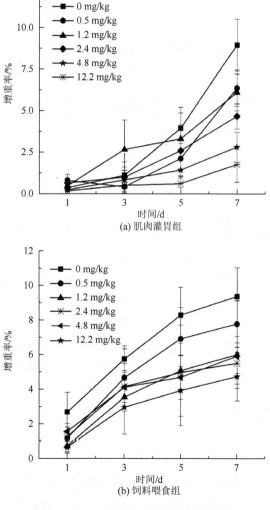

图 10-4 染毒对虾对小鼠体重变化的影响

10.2.2 小鼠器官系数测定

肌肉灌胃 7 d 对小鼠的主要脏器指数无明显变化。心、肝、脾等器官系数在 T-2 毒素染毒的虾头影响下产生显著变化（$p<0.05$），肾的系数在不同染毒剂量的虾头作用下呈下降趋势，但与对照组相比并不显著（$p>0.05$）。小鼠的心脏系数、肝脏系数、脾脏系数、胃系数随着虾头中 T-2 毒素口服蓄积剂量的增加而呈下降趋势，其中 4.8 mg/kg T-2 染毒的虾头能显著降低小鼠心、肝、胃系数，而 12.2 mg/kg T-2 染毒的虾头则能显著降低小鼠肝、胃系数。而小鼠的脾脏与其他器官相比，对 T-2 毒素比较敏感，高于 1.2 mg/kg 剂量组的脾脏系数与对照组相比，均显著下降（$p<0.05$）。随着 T-2 毒素染毒剂量的增加，肺系数增大，但是与对照组之间差异并不显著（$p>0.05$）（表 10-2）。

表 10-2 小鼠器官系数测定结果（$n=6$）

部位	测定指标	剂量/(mg/kg)					
		0	0.5	1.2	2.4	4.8	12.2
肌肉	心	0.55±0.09	0.47±0.07	0.47±0.08	0.51±0.02	0.51±0.06	0.52±0.07
	肝	4.79±0.24	4.73±0.55	5.36±1.48	5.06±0.31	5.17±0.45	5.08±0.47
	脾	0.47±0.17	0.33±0.13	0.38±0.08	0.50±0.11	0.37±0.12	0.48±0.20
	胃	0.83±0.23	0.74±0.16	0.80±0.16	0.75±0.11	0.78±0.24	0.85±0.18
	肾	1.17±0.16	1.18±0.18	1.10±0.19	1.12±0.26	1.17±0.24	1.16±0.12
	肺	0.69±0.21	0.68±0.20	0.61±0.19	0.61±0.16	0.69±0.19	0.76±0.18
虾头	心	0.54±0.08^b	0.52±0.09^{ab}	0.51±0.08^{ab}	0.49±0.05^{ab}	0.45±0.04^a	0.46±0.05^{ab}
	肝	4.61±0.33^{bc}	5.01±0.74^c	4.24±0.30^{ab}	4.08±0.31^{ab}	3.98±0.45^a	3.92±0.47^a
	脾	0.73±0.48^b	0.51±0.14^{ab}	0.35±0.11^a	0.38±0.12^a	0.27±0.05^a	0.29±0.10^a
	胃	0.94±0.19^b	0.89±0.16^b	0.91±0.17^b	0.86±0.18^b	0.51±0.05^a	0.59±0.04^a
	肾	1.41±0.21	1.37±0.23	1.22±0.28	1.22±0.24	1.14±0.22	1.20±0.32
	肺	0.72±0.15^{ab}	0.6±0.06^a	0.58±0.08^a	0.58±0.1^a	0.80±0.19^b	0.82±0.15^b

注：$p>0.05$，差异不显著，用同肩标字母表示；$p<0.05$，差异显著，用不同肩标字母表示。

10.2.3 小鼠血常规分析

（1）小鼠白细胞系统分析

连续灌胃和饲喂染毒对虾 3 d 之后，小鼠白细胞系统的各项指标没有发生明显变化。7 d 之后对虾肌肉和头部的 T-2 毒素能够引起小鼠血液中白细胞的轻微下降，并且灌胃组和饲料组小鼠之间差异不显著。随着小鼠染毒时间的增加，白细胞总数呈持续下降趋势。同时，对虾中的 T-2 毒素对小鼠血液中淋巴细胞和淋巴细胞比例的影响不大；肌肉连续灌胃之后，低剂量组（0.5～2.4 mg/kg）小鼠的中性粒细胞总数和比例没有发生变化，4.8 mg/kg 组中性粒细胞总数显著增加（$p<0.05$），中性粒细胞比例虽增加，但随着灌胃时间的增加，其变化不显著（$p>0.05$）。12.2 mg/kg 组的中性粒细胞总数和比例均显著增加。在虾头组中 4.8 mg/kg 和 12.2 mg/kg 组的中性粒细胞总数和比例均显著增加（表 10-3、表 10-4）。这一结果说明，染毒虾头对小鼠的白细胞系统作用大于染毒肌肉部位。

表 10-3　不同时间肌肉组小鼠白细胞系统变化（$n=6$）

剂量/(mg/kg)	时间/d	WBC/(10^9/L)	LYM 比例/%	GRAN 比例/%	LYM/(10^9/L)	GRAN/(10^9/L)
0	0	2.80±1.09	77.33±5.61	2.66±0.59	2.05±0.42	0.07±0.02
	3	2.67±0.57	77.16±7.40	2.63±0.92	2.08±0.80	0.07±0.02
	7	2.58±0.84	78.00±8.94	2.58±0.89	2.12±0.70	0.07±0.02
0.5	0	2.58±1.14	77.20±8.22	2.64±0.78	2.66±0.82	0.07±0.03
	3	2.70±1.01	77.40±8.85	2.54±0.78	2.04±0.88	0.74±0.01
	7	2.52±0.97	79.80±6.14	2.66±0.82	2.08±0.69	0.08±0.02
1.2	0	2.72±0.65	76.60±9.81	2.52±0.89	2.12±0.82	0.07±0.03
	3	2.76±0.35	75.40±9.76	2.46±0.90	2.16±0.65	0.08±0.04
	7	2.66±0.64	77.60±13.24	2.62±0.75	2.24±0.76	0.08±0.04
2.4	0	2.40±0.62	77.17±9.02	2.62±0.78	2.05±0.42	0.07±0.03
	3	2.50±0.60	76.33±8.61	2.66±0.25	2.08±0.80	0.08±0.02
	7	2.43±0.49	77.33±5.65	2.75±0.73	2.12±0.70	0.08±0.03
4.8	0	2.85±1.11	2.58±0.99	2.60±0.95	2.07±0.84	0.07±0.02[a]
	3	3.01±0.76	76.00±10.60	2.43±0.90	2.05±0.65	0.08±0.02[a]
	7	2.58±0.99	77.33±7.94	3.25±0.97	2.17±0.87	0.14±0.02[c]
12.2	0	2.71±0.90	78.50±10.25	2.67±1.04[a]	2.05±0.62	0.07±0.02[a]
	3	3.12±0.55	77.83±9.41	2.77±1.09[a]	2.21±0.96	0.08±0.02[a]
	7	2.46±0.71	81.83±7.46	4.02±0.56[b]	2.40±0.66	0.17±0.05[b]

注：WBC，白细胞计数；LYM 比例，淋巴细胞比例；LYM，淋巴细胞计数；GRAN 比例，中性粒细胞比例；GRAN，中性粒细胞计数；表 10-4 同。$p>0.05$，差异不显著，用同肩标字母表示；$p<0.05$，差异显著，用不同肩标字母表示。

表 10-4　不同时间虾头组小鼠白细胞系统变化（$n=6$）

剂量/(mg/kg)	时间/d	WBC/(10^9/L)	LYM 比例/%	GRAN 比例/%	LYM/(10^9/L)	GRAN/(10^9/L)
0	0	2.68±0.75	78.83±6.18	2.73±0.93	2.07±0.99	0.07±0.02
	3	2.63±0.86	78.33±5.75	2.63±0.92	2.08±0.58	0.07±0.02
	7	2.65±0.90	78.00±8.94	2.58±0.89	2.12±0.80	0.08±0.02
0.5	0	2.55±0.66	78.67±8.31	2.73±0.23	2.10±1.04	0.07±0.02
	3	2.50±0.87	79.67±8.33	2.68±0.63	2.13±0.85	0.08±0.02
	7	2.47±0.55	73.85±5.49	2.55±0.82	2.06±0.78	0.07±0.02
1.2	0	2.50±0.66	78.00±8.25	2.67±0.99	2.08±0.88	0.07±0.03
	3	2.57±0.56	77.83±8.70	2.62±0.90	2.12±0.68	0.08±0.01
	7	2.52±0.56	77.17±9.37	2.65±0.58	2.18±0.62	0.08±0.01
2.4	0	2.61±0.49	81.57±5.83	2.63±0.72	2.07±0.60	0.07±0.02
	3	2.60±0.43	79.86±8.05	2.73±0.53	2.09±0.77	0.08±0.03
	7	2.57±0.52	80.29±4.03	2.71±0.55	2.17±0.60	0.08±0.02
4.8	0	2.67±0.66	80.00±8.79	2.77±1.09[a]	2.08±0.55	0.07±0.02[a]
	3	2.42±1.10	81.00±7.21	2.77±0.88[a]	2.22±0.64	0.08±0.01[b]
	7	2.17±0.66	82.17±5.04	3.98±0.79[b]	2.33±0.78	0.10±0.01[c]
12.2	0	2.55±0.90	78.50±10.25	2.78±0.93[a]	2.07±0.81	0.07±0.02[a]
	3	2.47±0.71	78.33±4.97	2.82±0.88[a]	2.23±0.94	0.08±0.02[b]
	7	2.13±0.71	81.83±6.31	4.18±0.50[b]	2.67±0.64	0.14±0.04[c]

注：$p>0.05$，差异不显著，用同肩标字母表示；$p<0.05$，差异显著，用不同肩标字母表示。

（2）小鼠红细胞系统分析

分别连续灌胃和饲喂染毒对虾 3 d 之后，小鼠红细胞系统的各项指标与试验之前相比呈轻微下降趋势。7 d 之后对虾肌肉和头部的 T-2 毒素引起小鼠血液中红细胞总数下降，但是与对照组相比差异并不显著（$p>0.05$），并且肌肉组和虾头组之间红细胞总数差异不显著。随着染毒剂量和染毒时间的增加，12.2 mg/kg 剂量下肌肉组和虾头组小鼠红细胞系统各指标除了红细胞计数轻微下降，其余指标均显著下降（$p<0.05$），虾头组的血红蛋白、红细胞平均体积、红细胞平均血红蛋白和红细胞平均血红蛋白浓度分别下降了 11.36%、12.51%、25.42%、12.89%，均高于肌肉灌胃组，并且与空白组相比均显著下降（$p<0.05$）（表 10-5，表 10-6）。这一结果说明，染毒虾头对小鼠的红细胞系统作用大于染毒肌肉部位。

表 10-5　不同时间肌肉组小鼠红细胞系统变化（$n=6$）

剂量/(mg/kg)	时间/d	RBC/(10^{12}/L)	HGB/(g/L)	MCV/fL	MCH/pg	MCHC/(g/L)
0	0	9.02±1.73	131.50±6.41	56.80±1.73	16.70±1.25	295.67±27.09
	3	8.93±1.05	131.50±9.91	55.40±2.22	16.90±1.08	292.83±31.69
	7	8.90±0.94	130.33±5.92	55.61±1.62	16.65±0.97	297.67±28.16

续表

剂量/(mg/kg)	时间/d	RBC/(10^{12}/L)	HGB/(g/L)	MCV/fL	MCH/pg	MCHC/(g/L)
0.5	0	9.10±1.82	132.20±7.05	55.90±1.49	16.84±3.35	293.60±26.61
	3	8.88±1.39	131.40±5.50	56.34±1.59	17.16±3.76	292.80±28.63
	7	8.80±1.23	132.00±5.24	56.04±2.78	17.16±2.62	294.60±31.98
1.2	0	9.07±1.00	133.20±38.27	56.30±2.76	17.20±2.93	291.20±18.89
	3	9.10±0.89	132.80±38.14	56.84±2.64	17.58±3.08	289.00±18.79
	7	9.01±0.91	131.20±37.97	56.34±2.13	16.10±4.95	287.80±24.15
2.4	0	8.93±1.64	131.50±5.32	56.70±2.37	17.38±3.84	297.00±20.37
	3	8.85±1.29	129.83±4.75	57.00±2.59	16.63±3.91	290.33±22.38
	7	8.81±1.22	129.83±5.04	57.35±4.02	16.23±3.26	281.50±25.90
4.8	0	8.98±2.16	132.00±9.53	56.90±1.12	17.05±2.84	292.83±24.19
	3	8.88±1.67	129.67±4.41	56.72±1.45	16.62±3.27	287.33±24.49
	7	8.53±1.56	124.67±8.09	55.33±1.27	13.72±1.97	274.00±36.40
12.2	0	9.04±1.83	131.67±6.41[b]	56.72±0.80[b]	17.28±2.80[b]	297.33±16.84[b]
	3	8.67±2.2	130.67±7.20[b]	54.82±1.78[b]	16.12±2.96[ab]	282.17±15.59[ab]
	7	7.81±2.05	122.17±6.65[a]	51.32±2.78[a]	13.05±2.63[a]	265.67±17.12[a]

注：RBC，红细胞；HGB，血红蛋白；MCV，红细胞平均体积；MCH，红细胞平均血红蛋白；MCHC，红细胞平均血红蛋白浓度；表 10-6 同。$p>0.05$，差异不显著，用同肩标字母表示；$p<0.05$，差异显著，用不同肩标字母表示。

表 10-6　不同时间虾头组小鼠红细胞系统变化（$n=6$）

剂量/(mg/kg)	时间/d	RBC/(10^{12}/L)	HGB/(g/L)	MCV/fL	MCH/pg	MCHC/(g/L)
0	0	9.05±1.64	131.67±13.37	56.38±1.41	17.12±1.63	297.40±19.96
	3	8.97±1.70	129.00±11.10	56.18±2.03	17.02±2.12	296.20±9.88
	7	8.86±1.57	130.17±9.54	55.88±1.58	17.35±2.16	297.80±15.61
0.5	0	9.05±1.72	128.67±7.92	56.35±2.78	17.37±1.88	294.67±23.59
	3	9.00±1.90	129.67±6.06	56.58±4.44	17.18±2.38	296.00±24.96
	7	9.00±1.81	130.33±7.37	57.27±2.53	17.20±3.25	291.67±20.68
1.2	0	9.18±2.13	131.50±13.59	57.40±3.17	17.27±3.82	296.83±82.54
	3	9.07±2.08	130.17±13.04	57.67±3.13	17.28±4.53	288.33±82.87
	7	9.09±2.04	129.67±7.00	56.83±1.78	17.47±4.25	287.67±81.82
2.4	0	8.98±2.13	129.17±13.59	57.65±3.17	17.37±3.82	294.00±18.30
	3	9.04±2.08	128.67±13.04	59.60±3.13	17.20±4.53	289.00±19.27
	7	8.82±2.04	125.50±7.00	55.57±1.78	16.87±4.25	277.00±11.55
4.8	0	9.07±1.93	128.33±12.34	57.55±1.23	17.84±2.66	291.50±25.03
	3	8.78±1.75	123.00±16.64	54.60±2.91	17.69±2.84	285.00±20.91
	7	8.20±1.58	122.67±10.54	53.92±4.85	15.67±2.44	266.67±20.40
12.2	0	8.78±2.59	127.67±12.44[b]	60.20±3.71[b]	17.27±2.44[b]	293.67±28.86[b]
	3	8.42±2.34	126.50±12.57[ab]	57.74±2.64[ab]	16.28±2.57[b]	268.00±28.43[ab]
	7	7.83±2.10	113.17±10.87[a]	52.67±2.73[a]	12.88±1.72[a]	255.83±27.45[a]

注：$p>0.05$，差异不显著，用同肩标字母表示；$p<0.05$，差异显著，用不同肩标字母表示。

(3) 小鼠精子畸形试验

染毒对虾肌肉灌胃和虾头饲喂小鼠之后，出现畸形精子。由表 10-7 可知，小鼠经过不同方法染毒之后，T-2 毒素主要作用于精子头部和颈部，表现为头部胖大、缩小、无钩及颈部缠绕弯曲，其次是尾部弯曲，双头双尾的精子数量比较少，各种精子形态见图 10-5。结果表明，实验组的小鼠精子畸形率均高于对照组。并且随着染毒剂量的增加，精子畸形率呈上升趋势。对同一组织不同剂量组之间的畸形率相比较，发现低剂量组（0.5 mg/kg）的小鼠精子畸形率与对照组相比差异均不显著（$p>0.05$），而中高剂量组（>1.2 mg/kg）的畸形率均显著高于对照组（$p<0.05$），且同一剂量的两个不同组织的精子畸形率之间差异也不显著。这一结果表明染毒对虾的肌肉和头部对雄性小鼠精子有致畸性，精子畸形率与对虾的染毒剂量呈剂量-效应关系，并且虾头组的精子畸形率高于肌肉组。

表 10-7　染毒对虾对小鼠精子畸形率的影响（$n=6$）

部位	组别/(mg/kg)	检测精子数/个	胖头	小头	无钩	颈部弯曲	折尾	双头	双尾	无定形	畸形精子数/个	畸形率/%
肌肉	0	3000	7	9	7	10	10	2	2	15	62	2.07±0.53[a]
	0.5	3000	14	10	13	15	11	3	3	13	82	2.73±0.67[ab]
	1.2	3000	20	12	21	19	9	5	4	23	114	3.73±1.03[bc]
	2.4	3000	24	11	15	22	13	7	6	25	123	4.10±0.80[c]
	4.8	3000	56	23	27	39	25	11	13	43	237	7.87±1.35[d]
	12.2	3000	73	40	27	45	20	10	14	40	279	9.30±0.86[e]
虾头	0	3000	18	10	14	9	14	2	2	16	85	2.87±0.84[a]
	0.5	3000	19	12	11	12	13	2	3	15	87	2.90±0.37[a]
	1.2	3000	35	16	13	20	12	5	3	18	122	4.03±1.02[a]
	2.4	3000	59	32	21	35	21	13	7	26	214	7.03±1.24[b]
	4.8	3000	61	33	23	39	23	9	11	31	230	7.33±0.62[b]
	12.2	3000	81	46	33	50	35	15	7	39	306	10.10±1.84[c]

注：$p>0.05$，差异不显著，用同肩标字母表示；$p<0.05$，差异显著，用不同肩标字母表示。

(4) 小鼠骨髓细胞微核试验

染毒对虾肌肉灌胃和虾头饲喂小鼠之后，骨髓细胞经吉姆萨染色之后，出现嗜多染红细胞（NCE）和嗜多染蓝细胞（PCE），显微镜下观察出空白组的吉姆萨染色之后细胞呈现粉色，即 NCE 比较多。随着染毒剂量增加 PCE 逐渐增多，显微镜下呈现淡紫色，单个或者多个微核可存在于一个 PCE 中，其着色比较深呈小圆点状（图 10-5b），在高剂量组单个视野中出现 PCE 数量比较多。实验组两个部位的骨髓细胞微核率均高于对照组。同一组织不同剂量实验组间的结果表明，随着染毒剂量的增加，微核率呈上升趋势，其中低

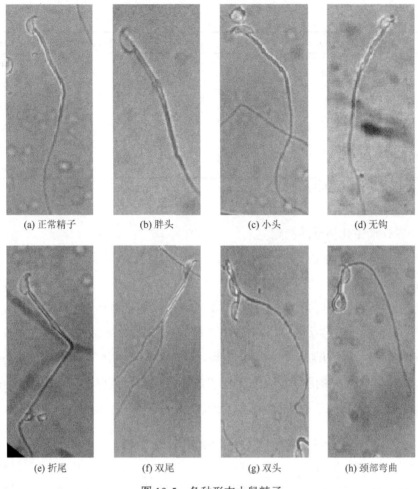

图 10-5 各种形态小鼠精子

剂量组（0.5 mg/kg）的微核率与对照组相比差异不显著（$p>0.05$），中高剂量组（>1.2 mg/kg）的微核率均显著高于对照组（$p<0.05$）。同一剂量的两个不同组织的细胞微核率之间差异也不显著。结果表明，染毒对虾的肌肉和头部均可提高小鼠骨髓细胞微核率，高剂量组（12.2 mg/kg）的微核率显著增加，在 1.2～4.8 mg/kg 虾头组的微核率低于肌肉组（表 10-8）。

表 10-8　染毒对虾对小鼠骨髓细胞微核的影响（$n=6$）

部位	组别/(mg/kg)	动物数/只	观察的 PCE 数/个	含微核 PCE 数/个	微核率/‰
	0	6	6000	10	2.00 ± 1.41^a
	0.5	6	6000	16	2.67 ± 1.51^a
肌肉	1.2	6	6000	25	5.83 ± 1.33^b
	2.4	6	6000	50	8.67 ± 2.07^c
	4.8	6	6000	59	9.83 ± 2.48^{cd}
	12.2	6	6000	71	11.83 ± 2.32^d

续表

部位	组别/(mg/kg)	动物数/只	观察的 PCE 数/个	含微核 PCE 数/个	微核率/‰
虾头	0	6	6000	21	3.50 ± 1.38^a
	0.5	6	6000	21	3.50 ± 1.64^a
	1.2	6	6000	37	5.67 ± 1.63^b
	2.4	6	6000	41	6.83 ± 0.98^{bc}
	4.8	6	6000	50	8.33 ± 1.97^c
	12.2	6	6000	76	12.67 ± 2.16^d

注：$p>0.05$，差异不显著，用同肩标字母表示；$p<0.05$，差异显著，用不同肩标字母表示。

（5）小鼠血清生化指标的测定

小鼠血清生化指标测定结果见表 10-9。与对照组相比，不同剂量的肌肉灌胃小鼠之后引起血清白蛋白（ALB）含量和碱性磷酸酶（AKP）活性下降，谷草转氨酶（GOT）活性升高，但是差异不显著（$p>0.05$），随着 T-2 毒素暴露剂量增加，谷丙转氨酶活力（GPT）显著升高（$p<0.05$）。虾头组中血清白蛋白含量显著下降（$p<0.05$），转氨酶活力显著升高（$p<0.05$），碱性磷酸酶活力虽呈下降趋势，但是与对照组之间差异不显著（$p>0.05$）。总的结果表明，染毒对虾的肌肉和头部均可引起小鼠血清白蛋白、转氨酶和碱性磷酸酶发生变化，虾头组的作用高于肌肉组，但是两组之间的差异并不显著。

表 10-9 染毒对虾对小鼠血清生化指标变化（$n=6$）

部位	组别/(mg/kg)	ALB/(g/L)	GPT/(U/L)	GOT/(U/L)	AKP/(U/L)
肌肉	0	33.06 ± 6.04	51.74 ± 8.36^a	107.47 ± 8.19^a	97.24 ± 11.05^a
	0.5	32.82 ± 3.90	50.80 ± 7.39^a	107.18 ± 12.57^a	96.05 ± 9.09^a
	1.2	34.54 ± 6.14	51.64 ± 3.36^a	105.87 ± 7.80^a	98.70 ± 8.24^a
	2.4	32.03 ± 3.50	53.91 ± 3.76^{ab}	107.78 ± 8.18^a	95.47 ± 4.11^a
	4.8	31.20 ± 2.40	55.89 ± 3.00^{ab}	111.98 ± 5.86^a	94.33 ± 4.39^a
	12.2	28.23 ± 2.46	59.09 ± 3.71^b	113.84 ± 7.87^a	92.24 ± 4.00^a
虾头	0	32.90 ± 2.81^{cd}	50.12 ± 2.81^{ab}	106.87 ± 7.62^a	98.16 ± 9.80^a
	0.5	31.20 ± 2.55^{abc}	49.69 ± 3.00^a	104.17 ± 7.56^a	97.11 ± 5.71^a
	1.2	32.35 ± 3.50^d	53.94 ± 2.93^{bc}	105.65 ± 6.32^a	97.61 ± 5.25^a
	2.4	31.94 ± 2.94^{abc}	55.07 ± 3.78^c	110.52 ± 3.69^{ab}	96.89 ± 4.05^a
	4.8	28.91 ± 2.75^{ab}	56.43 ± 4.49^{cd}	115.26 ± 5.40^{bc}	96.81 ± 3.40^a
	12.2	28.60 ± 2.01^a	59.69 ± 3.03^d	118.40 ± 5.19^c	91.92 ± 5.23^a

注：$p>0.05$，差异不显著，用同肩标字母表示；$p<0.05$，差异显著，用不同肩标字母表示。

综上所述，T-2 毒素染毒对虾能够引起小鼠生长减缓，通过器官系数分析发现，小鼠肝、肾、脾和胃等重要代谢器官受到影响。染毒对虾对小鼠具有一定的免疫毒性和血液毒性，导致炎症发生和造血功能低下。此外，T-2 毒素染毒对虾还具有一定的遗传毒性，并与染毒剂量之间呈正相关。综合本书试验检测指标发现对虾中含有隐蔽态的 T-2 毒素，虾头组小鼠的损伤作用高于肌肉组，表明了虾头中的隐蔽态的含量比肌肉中的高。

10.3 T-2 毒素和隐蔽态 T-2 毒素对小鼠 RAW264.7 细胞中 JAK/STAT 信号通路的影响

10.3.1 对细胞炎性细胞因子 mRNA 水平的影响

（1）IL-6 mRNA

炎性细胞因子的变化是介导一连串下游孢霉烯族毒素毒性反应的关键环节。实时荧光 qRT-PCR 结果（图 10-6）表明 T-2 毒素和 mT-2s 毒素都能显著刺激炎性因子 IL-6 的表达，其中 T-2 毒素组的表达水平较对照组上调至 760 倍，mT-2s 毒素处理组最高上调至 21 倍。肌肉提取物诱导 IL-6 的能力比肝胰腺提取物更强，这可能是由于不同部位 mT-2s 毒素的种类和浓度有差异所导致。说明 T-2 毒素诱导 IL-6 高表达与 T-2 毒素本身的强免疫毒性有关。

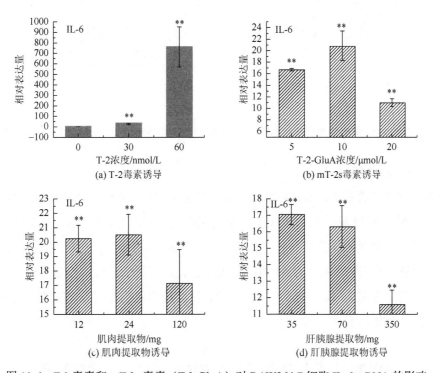

图 10-6 T-2 毒素和 mT-2s 毒素（T-2-GluA）对 RAW264.7 细胞 IL-6 mRNA 的影响

（2）IL-1β mRNA

从图 10-7 可知 30 nmol/L 和 60 nmol/L 的 T-2 毒素对 IL-1β 的表达没有显著影响（$p>0.05$），

20 μmol/L 的 T-2-GluA 能刺激 IL-1β 的表达上调至 1.8 倍，24 mg 肌肉提取物和 70 mg 肝胰腺提取物处理组 IL-1β 的表达分别上调至 1.9 倍和 1.7 倍。随着 T-2-GluA 处理浓度增高 IL-1β 的表达也增高，说明 T-2-GluA 诱导 IL-1β 的表达具有剂量依赖性。高浓度的肌肉提取物和肝胰腺提取物处理细胞后 IL-1β 的表达量反而开始下降，说明对虾提取物中对 IL-1β 的表达没有特异性。

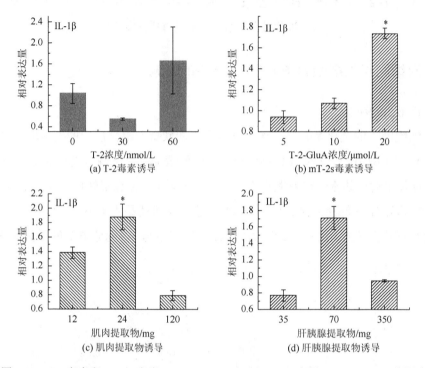

图 10-7　T-2 毒素和 mT-2s 毒素（T-2-GluA）对 RAW264.7 细胞 IL-1β mRNA 的影响

（3）TNF-α mRNA

TNF-α 表达量随着 T-2 毒素浓度的增高而显著上调（$p<0.01$），30 nmol/L 和 60 nmol/L 分别上调至 5 倍和 15 倍。T-2-GluA 处理组表现出剂量依赖性，10 μmol/L T-2-GluA 处理组的表达量与正常组相比差异显著（$p<0.05$），而 20 μmol/L 处理组的表达量反而下降。对虾肌肉提取物和肝胰腺提取物对 TNF-α 表达也具有剂量依赖性，但是 TNF-α 表达与正常组比较没有显著差异（$p>0.05$）（图 10-8）。肌肉处理组的 TNF-α 表达量与剂量呈负相关，与肝胰腺处理组呈正相关。

10.3.2　对 RAW 264.7 负反馈调节蛋白 SOCS mRNA 水平的影响

（1）SOCS2 mRNA

荧光定量 PCR 显示（图 10-9），60 nmol/L T-2 毒素处理细胞 24 h 后 JAK/STAT 信号

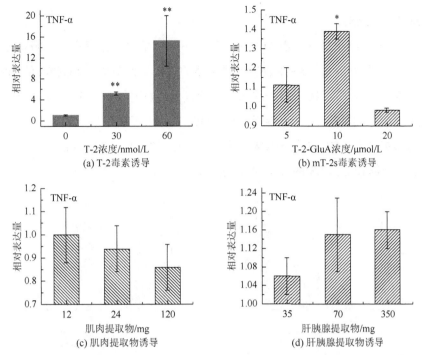

图 10-8　T-2 毒素和 mT-2s 毒素（T-2-GluA）对 RAW264.7 细胞 TNF-α mRNA 的影响

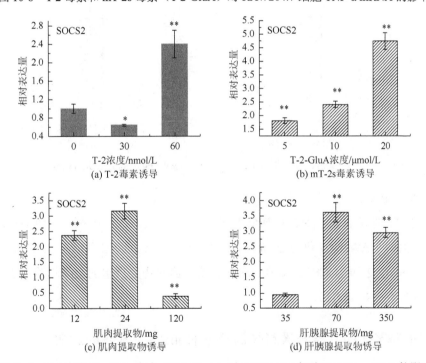

图 10-9　T-2 毒素和 mT-2s 毒素（T-2-GluA）对 RAW264.7 细胞 SOCS2 mRNA 的影响

通路的负反馈调节蛋白 SOCS 家族成员中 SOCS2 的 mRNA 表达水平上调极显著（$p<0.01$）。T-2-GluA 处理组的表达量与剂量呈正相关。肌肉和肝胰腺处理组的变化趋势相一致。

(2) SOCS3 mRNA

荧光定量 PCR 结果显示（图 10-10），采用不同剂量组 T-2 毒素和隐蔽态 T-2 毒素处理 RAW 264.7 细胞 24 h 后，JAK/STAT 信号通路的负反馈调节蛋白 SOCS3 的 mRNA 表达水平均有显著的上调。T-2 毒素组表现出一定的剂量-效应关系。mT-2s 毒素处理组的变化趋势均一致；在中剂量的 mT-2s 毒素诱导 SOCS3 基因表达水平上调最显著，10 μmol/L T-2-GluA 毒素能够使 SOCS3 的 mRNA 表达上调至约 2.6 倍，24 mg 肌肉提取物和 70 mg 肝胰腺提取物能够使 SOCS3 的 mRNA 表达上调至约 3.1 倍和 2.9 倍。

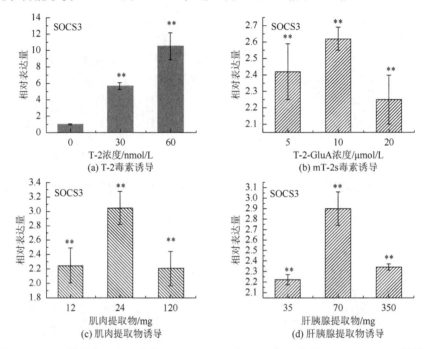

图 10-10　T-2 毒素和 mT-2s 毒素（T-2-GluA）对 RAW264.7 细胞 SOCS3 mRNA 的影响

(3) CIS mRNA

当采用 T-2 毒素和低、中、高剂量组 T-2-GluA 毒素，低、中剂量组肌肉提取物和肝胰腺提取物处理 RAW264.7 细胞 24 h 后，CIS mRNA 表达显著上调（$p<0.05$），并且其上调幅度高于 SOCS2 和 SOCS3。其中 70 mg 肝胰腺提取物处理组的上调幅度最大，是空白对照组的 5.7 倍（图 10-11）。

10.3.3　对 JAK/STAT 信号通路关键分子的 mRNA 水平的影响

(1) JAK1 mRNA

当 60 nmol/L T-2 毒素作用于 RAW 264.7 细胞 24 h 后，采用荧光定量 PCR 分析发现（图 10-12），JAK/STAT 信号通路的上游激酶 JAK1 的 mRNA 水平升高 11 倍。T-2-GluA

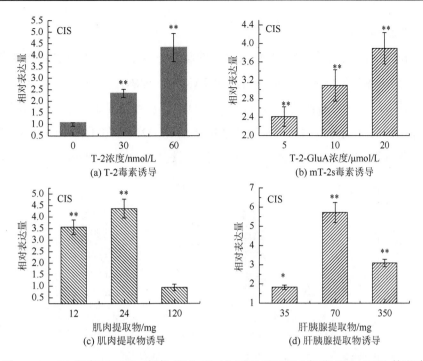

图 10-11　T-2 毒素和 mT-2s 毒素（T-2-GluA）对 RAW264.7 细胞 CIS mRNA 的影响

对 JAK1 的激活作用不明显。对虾肌肉提取物和肝胰腺提取物对 JAK1 的表达起抑制作用，说明 JAK1 不参与 mT-2s 介导的 JAK/STAT 信号通路调控过程。

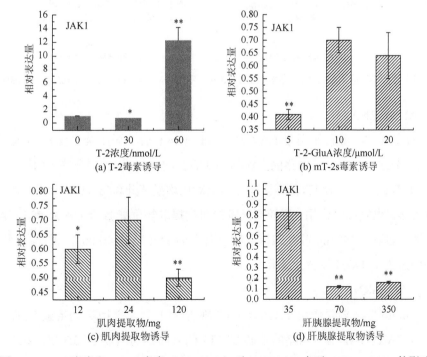

图 10-12　T-2 毒素和 mT-2s 毒素（T-2-GluA）对 RAW264.7 细胞 JAK1 mRNA 的影响

（2）JAK2 mRNA

当 60 nmol/L T-2 毒素作用于 RAW264.7 细胞 24 h 后，采用荧光定量 PCR 分析发现（图 10-13），JAK/STAT 信号通路的上游激酶 JAK2 的 mRNA 水平升高 4.3 倍。T-2-GluA 对 JAK2 的激活与正常组对比均显著升高（$p<0.01$），说明在 T-2-GluA 的诱导下 JAK2 发挥了主要作用。而低剂量组的肌肉提取物也能激活 JAK2，参与 JAK/STAT 信号通路调控过程。肝胰腺提取物对 JAK2 的激活作用不明显，数据分析均无显著差异（$p>0.05$）。

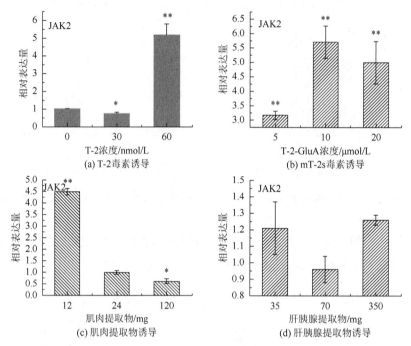

图 10-13　T-2 毒素和 mT-2s 毒素（T-2-GluA）对 RAW264.7 细胞 JAK2 mRNA 的影响

（3）JAK3 mRNA

当 60 nmol/L T-2 毒素作用于 RAW264.7 细胞 24 h 后，采用荧光定量 PCR 分析发现（图 10-14），JAK/STAT 信号通路的上游激酶 JAK3 的 mRNA 水平升高 13 倍。10 μmol/L 和 20 μmol/L T-2-GluA 对 JAK3 的激活与正常组对比均显著升高（$p<0.05$），说明在 T-2-GluA 的诱导下 JAK3 也发挥了作用。而低剂量组的肌肉提取物也能激活 JAK3，参与 JAK/STAT 信号通路调控过程。350 mg 肝胰腺提取物显著激活 JAK3（$p<0.05$），说明在肝胰腺提取物作用细胞过程中 JAK3 发挥主要作用。

（4）STAT1 mRNA

当 60 nmol/L T-2 毒素作用于 RAW264.7 细胞 24 h 后，采用荧光定量 PCR 分析发现（图 10-15），JAK/STAT 信号通路的下游 STAT1 的 mRNA 水平升高 3.3 倍。在 T-2-GluA、肌肉提取物和肝胰腺提取物的诱导下 STAT1 的表达被显著抑制（$p<0.05$）。

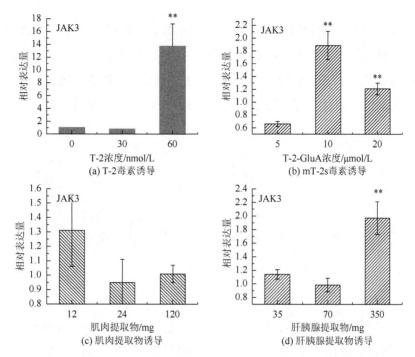

图 10-14　T-2 毒素和 mT-2s 毒素（T-2-GluA）对 RAW264.7 细胞 JAK3 mRNA 的影响

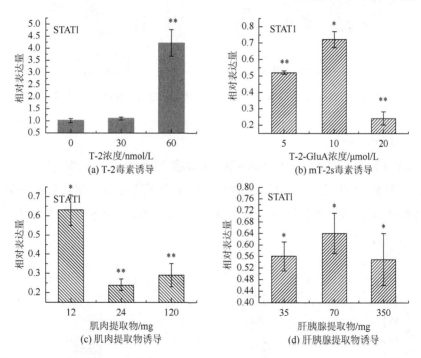

图 10-15　T-2 毒素和 mT-2s 毒素（T-2-GluA）对 RAW264.7 细胞 STAT1 mRNA 的影响

（5）STAT2 mRNA

当 60 nmol/L T-2 毒素作用于 RAW264.7 细胞 24 h 后，采用荧光定量 PCR 分析发现

（图10-16），JAK/STAT 信号通路的 STAT2 mRNA 水平升高4.3倍。T-2-GluA 对 STAT2 的激活与正常组对比均显著升高（$p<0.05$），说明在 T-2-GluA 的诱导下上游 JAK2 和 JAK3 被激活后，迅速导致 STAT2 的磷酸化。而低、中剂量组的肌肉提取物也能导致 STAT2 磷酸化。中、高剂量组的肝胰腺提取物同样能诱导 STAT2 表达极显著上调（$p<0.01$）。

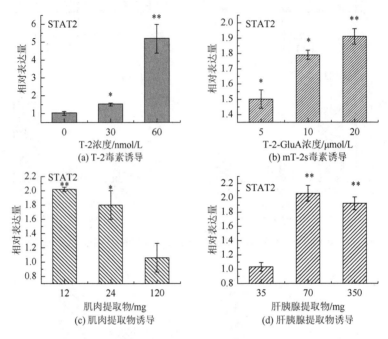

图10-16　T-2 毒素和 mT-2s 毒素（T-2-GluA）对 RAW264.7 细胞 STAT2 mRNA 的影响

（6）STAT3 mRNA

当 60 nmol/L T-2 毒素作用于 RAW264.7 细胞 24 h 后，用荧光定量 PCR 分析发现（图10-17），JAK/STAT 信号通路的 STAT3 mRNA 水平升高21.5倍。而 T-2-GluA、对虾肌肉提取物和肝胰腺提取物处理组 STAT3 mRNA 水平的激活效应不明显，数据分析均无显著差异（$p>0.05$）。

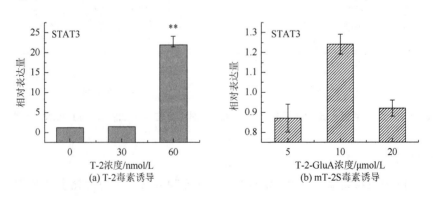

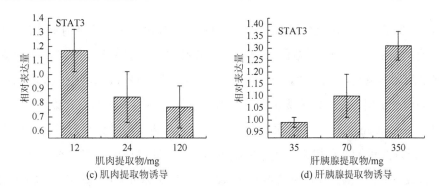

图 10-17　T-2 毒素和 mT-2s 毒素（T-2-GluA）对 RAW264.7 细胞 STAT3 mRNA 的影响

综上所述：①游离态 T-2 毒素和隐蔽态 T-2 毒素均能通过诱导炎性因子 IL-6 的过表达激活 JAK/STAT 信号通路。②在对虾中隐蔽态 T-2 毒素的种类多样，其介导 IL-6 的过表达激活 JAK/STAT 信号通路的路径不一致。③游离态 T-2 毒素介导 JAK/STAT 通路的免疫毒性分子标记是炎性因子 IL-6、STAT2 和 SOCS3，而隐蔽态 T-2 毒素介导 JAK/STAT 通路的免疫毒性分子标记是炎性因子 IL-6、STAT2 和 CIS。

10.4　对虾中常见真菌毒素残留风险隐患与安全性评估

基于 1960 年美国虹鳟鱼场暴发恶性肝细胞瘤流行病事件，以及近日欧洲食品安全局就食品与饲料中真菌毒素对人畜的健康风险发布了科学意见，表明真菌毒素在对虾中存在着残留风险及安全隐患。

而真菌毒素化学性质十分稳定，常规烹饪等手段难以破坏。本书研究发现，这些真菌毒素不仅广泛存在养殖环境中，而且还经常在饲料中被检出。Biomin 公司的亚洲调查报告表明我国饲料中真菌毒素污染严重，尤其是在作为凡纳滨对虾主产地的沿海地区（如广东省），其饲料中真菌毒素含量极显著地高于内陆区域。伴随着我国占绝对优势的凡纳滨对虾养殖业的不断扩大，采用相对廉价的植物蛋白源取代动物蛋白源已成为水产饲料生产的趋势，而研究发现植物蛋白饲料中的真菌毒素污染程度比其他类饲料高，这说明目前对虾饲料正面临常见毒素普遍污染的严峻形势。因此，在对虾养殖业中实施真菌毒素残留风险隐患分析和安全性评估刻不容缓。

王小博（2017）针对湛江市对虾养殖企业的饲料，采用 LC-MS/MS 技术同步检测四种常见真菌毒素，根据个案信息、含量均值及阳性率的变化规律，找出基质成分、环境因素（温度、湿度等）的影响因子，阐明对虾饲料中常见真菌毒素的污染现状。选取饲料中高污染量和平均污染量的真菌毒素代表对虾的毒素暴露剂量，并设定在此剂量下的养殖对虾作为真菌毒素残留的研究对象。采用真菌毒素的 LC-MS/MS 技术，定期检测不同生长期对虾,按季节在划定的代表性区域内抽取对虾样本,找出真菌毒素在对虾中的残留规律,并分析环境因素对毒素富集系数的影响,同时考察加工工艺关键参数对毒素残留量的影响。根据全国营养调查、总膳食调查、对虾消费量数据、对虾摄入量资料及湛江市群体或个体的相关调查资料,选取高消费量和平均消费量代表不同人群的对虾摄入量。采用蒙特卡罗模拟和 Bootstrap 抽样方法量化人群对虾中常见真菌毒素膳食暴露量的变异度和不确定度,计算摄入的可能性和摄入量大小的概率分布。构建对虾中真菌毒素风险评估中膳食暴露的非参数概率评估模型。将所获得的摄入量数值与实际可能达到的最低水平(ALARA)相比较,客观估计对虾中真菌毒素残留对人类健康的危险。采用灰色关联度分析法,考察养殖源头饲料中真菌毒素的污染概率、种类及其影响因素、对虾加工工艺(高温、高压和发酵等)及膳食摄入量等因素,与对虾真菌毒素摄入可能性和摄入量大小的概率进行关联度分析,并排序找出对虾中常见真菌毒素残留隐患的主要风险因素。同时采用细胞毒理学和分子毒理学手段,解析对虾中常见真菌毒素残留的主要风险隐患因素的遗传毒性和免疫毒性特征。与国内外相关食品中的限量标准相比较,进一步解析其超标程度和潜在风险,并提出相应的解决办法和应对措施。

10.5 水产品中真菌毒素及其隐蔽型的痕量检测技术

现有的 T-2 毒素检测方法大致可分为生物测定法和物理化学测定法,如薄层色谱(TLC)法、液相色谱(LC)法、气相色谱(GC)法、酶联免疫法和液相色谱质谱联用(LC-MS)法。其中生物测定法有皮肤毒性试验、致呕吐试验、培养细胞毒性试验、动物细胞毒性试验、植物细胞生长抑制试验、放射免疫测定和酶联免疫吸附测定等。生物测定法较简单,但耗时长,且无法准确定量,现在已很少使用。物理化学测定法主要有薄层色谱法、气相色谱法、液相色谱法、气相或液相与质谱联用法。其中薄层色谱法因为不能准确定量而使用受限;气相色谱法和液相色谱法往往需要对毒素进行衍生,步骤烦琐;相比之下,高效液相与质谱联用技术(LC-MS;LC-MS/MS)是近年来使用较广泛的检测技术,由于较其他方法具有更高的灵敏度和更低的检出限,且操作简便,成为真菌毒素的有效分析手段。酶联免疫法和薄层色谱法只能定性无法定量;GC 法和 LC 法需要衍生才能测定样品中的 T-2 毒素;而 LC-MS 法灵敏度高,制备样品相对简便,不需要衍生化处理。本章建立了高效液相与多级质谱联用(LC-MS/MS)的方法检测了水产品不同部位中的 T-2 毒素与 HT-2 毒素,并在前处理方法上进行了优化,使方法的可操作性更强(张春辉,2013)。

10.5.1 真菌毒素的液相质谱等检测技术

王雅玲（2006）建立了养殖环境中免疫亲和柱净化 IMC-HPLC 法同步检测 AOZ（AFT、OTA 和 ZEA）方法。按照 AFT、OTA、ZEA 的性质特征，综合拟定色谱条件，采用 Nova-Pak C18 色谱柱和光化学衍生（注意：光化学衍生池只需前 20 min 打开，然后及时关上，以防止长时间烧坏），流速为 1 ml/min，柱温为 29～31.5℃，进行梯度洗脱的流动相和最佳检测波长的条件（表 10-10）。在优化色谱条件过程中发现，采用乙腈作毒素载剂的单标有杂质峰，且在预期的保留时间内没有检测峰出现，混标也没有完全分开，采用流动相作毒素载剂的单标、混标，峰型理想，检测灵敏度高；只有采用梯度洗脱 OTA 才能被检测出来，采用等度洗脱检测不出来同样浓度的 OTA，两个不同条件下的梯度说明不同的梯度洗脱比例对检测灵敏度也有影响。不进行光化学衍生，AFG_1 和 AFB_1 几乎检测不到，而进行光化学衍生效果明显。无论衍生与不衍生 OTA 与 ZEA 的检测灵敏度都不敏感，说明衍生对二者没有影响，而与流动相、波长、色谱柱等有关。改变流动相而波长不变，提高 1% H_3PO_4 的比例，以达到延长 AFT 的保留时间，达到更好的分离效果，结果 AFG_2、AFG_1、AFB_2、AFB_1、OTA、ZEA 的保留时间分别滞后 4.767 min、7.086 min、8.132 min、11.877 min、12.899 min、13.359 min。流动相同前者，而波长 315 nm 改变为 365 nm 后可激发出最大吸收，进行单标和混标重复（图 10-18），结果表明重现性很好。

表 10-10　IMC-HPLC 同步检测 6 种 AOZ 的色谱条件

时间/min	流动相比例/%			波长/nm	
	A（1% H_3PO_4 buffer）	B（CH_3OH）	C（CH_3CN）	激发	发射
0～20	70	15	15	365	425
20.01～29	40	30	30	225	461
29.01	70	15	15	225	461

应用传统的免疫亲和柱 IMC-HPLC 检测 T-2 毒素的灵敏度难以适用 T-2 毒素在对虾中低残留水平的要求，而且 IMC 耗材昂贵，且 HPLC 法检测 T-2 毒素需要氢酸蒽衍生，方法烦琐且人为误差大。因此，以 LC-MS/MS 替换原计划的 IMC-HPLC 技术来检测 T-2 毒素，并建立凡纳滨对虾各部位及对虾饲料中 T-2 毒素与 HT-2 毒素的 LC-MS/MS 检测方法。

吕鹏莉等（2015）建立了以对虾血液、头部、肌肉、外壳、肝胰腺和肠道为基质的 T-2 毒素与 HT-2 毒素的 LC-MS/MS 同步检测方法。确定了质谱各参数，分别是喷雾电压 4500 V，

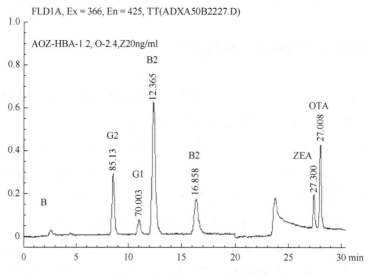

图 10-18　IMC-HPLC 法同步检测 AOZ 标准品的色谱图

鞘气压力 35 au①，辅助气压 15 au，毛细管温度 270℃，碰撞压 1.5 mTorr②。选取了质荷比 185.2、215、244.9、304.9 为 T-2 毒素的定性子离子，质荷比 197、244.9、262.9、322.8、425 为 HT-2 毒素的定性子离子。其中响应值较高者为定量离子。液相色谱条件中选取色谱柱为 Hypersil GOLD（100 mm×2.1 mm，5 μl），进样量 10 μl，针头到瓶底距离 1.0 mm，进样速度 10.0 μl/s，淋洗体积 1500 μl，淋洗速度 100.00 μl/s，冲洗体积 1500 μl，进样速度 250.0 μl/min。流动相 A 相为甲醇，B 相为含 0.1%甲酸的 5 mmol/L 乙酸铵溶液。样品前处理过程为中性环境，提取溶剂为乙酸乙酯。所建立方法通过选择性、线性、准确度、精密度、最低检出限和最低定量限确定，表 10-11 结果显示，样本中内源性物质不干扰目标物的测定，选择性好；不同基质条件下线性相关系数（r^2）均大于 0.999；T-2 毒素高中低浓度在不同部位的回收率在 86.38%～112.49%，HT-2 毒素的回收率在 84.29%～106.23%，均满足 80%～120%；T-2 毒素的相对标准偏差在 1.95%～9.03%，HT-2 毒素的相对标准偏差为 1.21%～10.11%，不超过 15%。

表 10-11　T-2 毒素与 HT-2 毒素在不同部位中的蓄积

测定物（ng/g，$n=6$）	回收率（平均值±标准差，%）	RSD/%	测定物（ng/g，$n=6$）	回收率（平均值±标准差，%）	RSD/%
T-2 毒素 头部			HT-2 毒素		
1	107.41±5.19	4.83	2	105.83±9.42	8.89
10	96.44±2.41	2.50	20	99.34±3.29	3.31
100	89.29±8.06	9.03	200	84.29±2.18	2.58

① 1 au = 1000 mV，为 LS-MS 仪器自带单位。
② 1 Torr = 1.333 22×10^2 Pa。

续表

测定物（ng/g, $n=6$）	回收率（平均值±标准差，%）	RSD/%	测定物（ng/g, $n=6$）	回收率（平均值±标准差，%）	RSD/%
壳					
2	109.97±4.80	4.36	4	106.05±4.89	4.61
20	96.03±4.76	4.96	40	87.83±7.98	9.09
200	86.38±1.68	1.95	400	92.46±1.12	1.21
肌肉					
1	109.92±5.39	4.90	2	105.76±10.69	10.11
10	94.14±1.90	2.01	20	91.79±5.89	6.42
100	90.77±2.10	2.31	200	90.88±3.68	4.05
肝胰腺					
2	109.83±3.67	3.34	4	106.23±7.71	7.26
20	88.25±1.84	2.09	40	96.70±4.16	4.30
200	87.81±2.64	3.01	400	92.35±1.44	1.55
肠道					
20	111.21±5.46	4.91	40	99.26±9.05	9.12
200	106.13±5.52	5.20	400	91.74±6.60	7.20
2000	103.36±6.19	5.99	4000	100.71±2.79	2.78
血液					
20	112.49±8.81	7.83	40	100.40±5.51	5.49
200	109.37±6.39	5.84	400	96.95±3.89	4.01
400	92.84±6.22	6.70	4000	92.33±4.61	5.00

10.5.2 隐蔽态真菌毒素检测技术

（1）A族单端孢霉烯毒素完全抗原合成

利用红细胞酶解法制备半抗原 3-Ac-NEOS 的方法可行且纯度较高，半抗原的制备得到优化，经柱色谱分离纯化后，半抗原生成率为 60%左右。经核磁共振和质谱表征，证明了目标 T-2 毒素母核半抗原 3-Ac-NEOS 的合成。在蒸气浴条件下，3-Ac-NEOS 与琥珀酸酐（HS）反应合成了在 C8 位具有连接臂的 3-Ac-NEOS-HS，后通过碳二亚胺法将半抗原与载体蛋白偶联制备 T-2 毒素母核完全抗原，采用紫外线扫描及 SDS-PAGE 凝胶电泳，最终确定了半抗原 3-Ac-NEOS 与牛血清白蛋白和卵清蛋白的偶联成功，其中免疫原 3-Ac-NEOS-HS-BSA 内 3-Ac-NEOS 与 BSA 的偶联比为 8.76∶1，包被原 3-Ac-NEOS-HS-OVA 内 3-Ac-NEOS 与 OVA 的偶联比为 7.24∶1，两个都在范围（3～45）∶1 之间，都具有免疫原性，且其中免疫原的偶联比为 8.76∶1，在范围（8～25）∶1 之间，表明能够进行免疫产生具有较高效价的抗血清。

（2）T-2 毒素骨架结构多克隆抗体制备

利用制备的 T-2 毒素母核完全抗原免疫新西兰种兔子，经间接 ELISA 法检测，在第五次加强免疫后的抗血清，效价达到 1∶64000，可用于纯化制备抗体。利用纯化后的抗体建立间接竞争 ELISA 法分析抗体的灵敏度和特异性，结果显示 T-2 毒素母核抗体相对于具有母核结构的 A 型单端孢霉烯族毒素特异性差，但相对于不具有母核结构的 B 族 DON 毒素的特异性强，表明 T-2 毒素母核抗体可识别隐蔽态 T-2 毒素。间接竞争 ELISA 对 T-2 毒素的检出限为 49 ng/ml，IC_{50} 为 0.228 μg/ml。

（3）T-2 毒素骨架结构多克隆抗体磁珠制备

王雅玲等（2014）发明了一种用于隐蔽态 T-2 毒素富集净化的免疫磁珠及其制备、应用方法，它是以羧基磁珠为载体，抗 T-2 毒素母核多克隆抗体为识别中间体，经过活化—偶联—洗涤—封阻的过程制备出抗 T-2 毒素母核多克隆抗体免疫磁珠，在合适的缓冲液中于一定条件下孵育可以高效捕捉、富集检测样本中的隐蔽态 T-2 毒素。该方法特异性强，高效快速，操作简单，价格低廉，不需要大型仪器和特殊培训的专业操作人员，样品不需要特殊前处理，可广泛应用于食品、饲料及动物机体内隐蔽态 T-2 毒素的富集分离与检测。

（4）抗原 IMB-ELISA 法检测隐蔽态 T-2 毒素

利用包被抗原 3-Ac-NEOS-HS-OVA 偶联羧基磁珠，制备了可识别 T-2 毒素母核抗体的 3-Ac-NEOS-HS-OVA-免疫磁珠（T2-IMB）建立的间接竞争 ELISA，即免疫磁珠间接竞争 ELISA（T2-IMB-ELISA）。T2-IMB-ELISA 对 T-2 毒素母核的检出限为 10.7 ng/ml，T-2 毒素的检出限明显低于建立的常规间接竞争 ELISA 法 49 ng/ml 的检出限；对 T-2 毒素加标检测的平均回收率为 92.37%，且变异系数在 3.26～6.43，说明 T2-IMB-ELISA 具有较高的回收率和检测准确性。T2-IMB-ELISA 被成功应用于检测对虾体内隐蔽态的 T-2 毒素，结果显示，以最高剂量组肝胰腺为例，检测到的隐蔽态 T-2 毒素为 0.057 nmol/尾。若全部解离为 T-2 毒素，可得到 T-2 毒素的增量为 26.7 ng/尾。结果高于用解离法检测到的 23.6 ng/尾增量。表明了用解离法处理隐蔽态 T-2 毒素不完全，会导致部分损失。T2-IMB- ELISA 适合于检测对虾体内隐蔽态的 T-2 毒素。

10.5.3　T-2 毒素增量法检测隐蔽态 T-2 毒素

TFA 水解条件优化（Lu et al., 2016）：样本（湿重）-乙酸乙酯提取，离心后得上清液和残渣，先浓缩再用三氟乙酸溶液（乙酸乙酯∶水＝9∶1 作为溶剂）水解，再用 LC-MS/MS 分别测 T-2 毒素含量，以 T-2 毒素水解前后增幅最大时的条件为最优水解条件，结果上清液三氟乙酸水解条件为：TFA 浓度的处理条件为 1.5 mol/L 的三氟乙酸在 130℃下反应 50 min，残渣样的处理条件为 2.0 mol/L 的三氟乙酸在 130℃下反应 70 min 温度 130℃、反应 60 min。

参 考 文 献

吕鹏莉，陈海燕，王雅玲，等，2015. 低温环境中 T-2 毒素降解菌的分离鉴定及特性研究[J]. 微生物学杂志，（2）：31-36.

邱妹，2015. 对虾中隐蔽态 T-2 毒素危害特征与免疫毒性分子标记识别[D]. 湛江：广东海洋大学.

王小博，2017. 水产品中常见真菌毒素的污染调查及对虾中残留的风险评估[D]. 湛江：广东海洋大学.

王雅玲，2006. 养殖环境真菌气溶胶及相关真菌毒素的检测[D]. 泰安：山东农业大学.

王雅玲，吴朝金，孙力军，等，2014. 一种用于隐蔽态 T-2 毒素富集净化的免疫磁珠的制备及应用：CN103969431A[P]. 2014-05-23.

吴朝金，王雅玲，孙力军，等，2015. 对虾中 T-2 毒素对小鼠免疫功能和血清生化指标的影响[J]. 中国食品学报，15(5)：166-174.

张春辉，2013. 对虾肠道中 T-2 毒素降解菌的分离纯化与鉴定[D]. 湛江：广东海洋大学.

Huang Z，Wang Y，Qiu M，et al.，2017. Effect of T-2 toxin-injected shrimp muscle extracts on mouse macrophage cells (RAW264.7) [J]. Drug & Chemical Toxicology，41（1）：1.

Lu P L，Wu C J，Shi Q，et al.，2016. A sensitive and validated method for determination of T-2 and HT-2 toxin residues in shrimp tissues by LC-MS/MS[J]. Food Analytical Methods，9（6）：1580-1594.

第 11 章 水产品中真菌毒素危害的控制

饲料霉变造成的危害对畜禽养殖业及饲料工业的发展带来极为不良的影响。因此各地要重视饲料原料与产品的防霉工作，加强对饲料中霉菌及其毒素污染的监测。总之，防止饲料霉变危害的主要措施是饲料的防霉脱毒，而饲料的防霉是根本的措施。

11.1 物理吸附脱毒控制技术

将添加剂按比例混入饲料中从而使其在动物体内发挥抗真菌毒素的作用。某些矿物质能够吸附或阻留真菌毒素分子，可将毒素从动物的吸收和消化中分离出来。活性炭、酵母细胞壁产物、沸石和陶土（如钠基膨润土和海泡石）都不同程度具有这种能力，当然这种能力取决于本身和对象的纯度和特性。用 3 头奶牛做实验，分别饲喂 0.2 μg/kg 黄曲霉毒素并加 0.5% HSCAS 的日粮，3 头奶牛的牛奶中黄曲霉毒素分别由 1.0×10^{-3} μg/kg、2.1×10^{-3} μg/kg、2.6×10^{-3} μg/kg 降到 0.8×10^{-3} μg/kg、1.1×10^{-3} μg/kg、1.8×10^{-3} μg/kg。

11.2 防霉剂控制技术

常采用的防霉剂有丙酸及其盐类、山梨酸及其盐类、苯甲酸、有机染料如结晶紫和无机盐类如硫酸铜。防霉剂在饲料中须分布均匀，且与霉直接接触，霉抑制剂的载体颗粒必须足够小。另外饲料中的蛋白质或矿物质添加剂会降低丙酸的抑菌效果。

最新的真菌毒素脱毒技术是用酶来分解真菌毒素。现已有酶可灭活玉米赤霉烯酮及 T-2、HT-2、DON 等。酶可通过分解真菌毒素分子中的功能性原子团，就把真菌毒素化为无毒。其中酯酶可分解玉米赤霉烯酮分子的内酯环，而环氧酶则可分解单端孢真菌毒素类分子中的环氧基团。

在动物体内肝脏的生物转化过程中，单加氧酶体系在生物氧化的转化过程中起着重要作用。苯巴比妥、类固醇激素等可诱导此酶系的合成。在含 AFB_1 的肉仔鸡中应用苯巴比妥，由于单加氧酶活力增强，促进了 AFB_1 在体内的代谢转化，加速其从组织中清除，从而减轻了毒素对机体的危害。

邓义佳（2016）通过在饲料中引入槲皮素、芦丁和茶多酚三种诱导剂，诱导代谢酶活力，对 T-2、AFB_1、OTA、DON 四种真菌毒素对对虾和罗非鱼损伤的消减效应进行研究。采用微胶囊饵料法制备含有四种真菌毒素、三种诱导剂、均含有毒素与诱导剂的鱼虾饲料；采用 20 d 定期递增法对鱼虾进行饲喂染毒；采用 LC-MS/MS 法对鱼和虾的肝部和肌肉进行真菌毒素残留检测；采用病理学组织观察及代谢酶活力检测方法，探究真菌毒素对水产动物的蓄积损伤效应及诱导剂对损伤的拮抗效应。结果发现：四种真菌毒素暴露使对虾与罗非鱼增重率、存活率明显下降，对虾肝细胞均呈现不同程度损伤，其中肝细胞减少最为明显，高剂量暴露后出现细胞自噬现象。DON 暴露后罗非鱼肝细胞呈浅染紫色，细胞质内肝糖原显著消耗。随着真菌毒素暴露剂量升高，对虾与罗非鱼肌纤维间隙增大，肌肉碎片化明显，20 d 可明显观察到单条状纤维，说明毒素暴露对肌肉的损伤具有不可修复性，真菌毒素暴露剂量与对虾机体内残留量呈明显正相关。对虾肝胰腺内四种真菌毒素残留蓄积顺序为：AFB_1＞T-2＞OTA＞DON。罗非鱼肝脏毒素残留顺序为 T-2＞AFB_1＞OTA。Ⅰ、Ⅱ相代谢酶活力呈倒"U"形变化趋势，符合毒物刺激效应模型。

槲皮素、芦丁和茶多酚添加后鱼虾增重率与存活率明显降低。随着芦丁添加量升高，对虾肝重比显著升高，对虾肝细胞出现星状管腔异常，轻微空泡化，细胞溶解现象较为明显。槲皮素次之，茶多酚对肝细胞损伤最小。三个诱导剂组中对虾和罗非鱼均呈现肌纤维间隙增多现象。对虾和罗非鱼肝微粒体细胞色素 b_5 含量均显著升高，说明三种添加物对激活由 b_5 介导的还原反应均具有显著效果。槲皮素组、芦丁组和茶多酚组 SULT 酶活力呈现显著升高。茶多酚组与槲皮素组和芦丁组相比，诱导酶种类相对较多，且病理组织学损伤明显低于槲皮素组和芦丁组。

DON 与诱导剂联合暴露后对虾增重率显著升高，但在四种毒素中仍然最低。AFB_1 组罗非鱼肝重比与其他真菌毒素组相比相对较高、增重率下降，说明 AFB_1 在罗非鱼机体内强蓄积。T-2、AFB_1、OTA、DON 与诱导剂联合暴露后残留量均比单独暴露组低，表明诱导剂在消除毒素残留方面具有一定的效果。其中茶多酚对 T-2、AFB_1 消减效果较好，芦丁对 OTA 与 DON 消减效果较好。对虾和罗非鱼肌肉中残留蓄积及组织损伤程度均比肝组织强。茶多酚诱导的四种真菌毒素暴露后对虾和罗非鱼损伤最小，细胞结构相对完整，且茶多酚诱导可使机体 b_5 含量升高，对代谢酶诱导率较高，说明茶多酚对真菌毒素暴露后对虾和罗非鱼损伤的拮抗效应最为明显。因此，茶多酚可作为添加入饲料以降低真菌毒素对水产动物机体损伤的最佳酶诱导剂。

11.3 真菌毒素对水产品的影响

11.3.1 对对虾与罗非鱼生长的影响

(1) 对增重率的影响

如表 11-1 所示，T-2+槲皮素组对虾增重率与对照组相比略有降低，且呈现逐渐下降趋势，T-2+芦丁组和 T-2+茶多酚组增重率相对较高。T-2+茶多酚组在 16 d、20 d 增重率达到 6%。在 AFB_1+诱导剂组中，AFB_1+芦丁组增重率与对照组相比显著降低（$p<0.05$），AFB_1+茶多酚组在 4 d、8 d 时对虾增重率较低，随后逐渐升高至对照组水平。AFB_1+槲皮素组与对照组相比无显著变化（$p>0.05$）。OTA+诱导剂组均在 4 d 时增重率较低，随后均升高，并高于对照组水平。DON+诱导剂组对虾增重率在 20 d 时增重率低于 5%。

如表 11-2 所示，对照组罗非鱼增重率均在 8%以上，在 20 d 时达到最大值 8.96%。T-2+芦丁组增重率逐渐降低，且 T-2+芦丁组在 16 d、20 d 时增重率低于 8%。T-2+茶多酚组与对照组相比略有降低，但始终高于 8%。AFB_1+诱导剂组 20 d 内增重率均低于对照剂组最低水平，且 AFB_1+芦丁组增重率均低于 8%。OTA+槲皮素组与 OTA+芦丁组增重率呈现波动性趋势变化，但总体较为稳定，OTA+茶多酚组增重率总体呈现先升高后降低趋势。DON+诱导剂组增重率与对照组相比均明显降低（$p<0.05$），其中 DON+芦丁组均低于 8%。

表 11-1 真菌毒素与诱导剂联合暴露对对虾增重率的影响 （单位：%）

毒素分组	取样时间点/d				
	4	8	12	16	20
对照	5.55±0.21	5.38±0.12	5.55±0.17	5.64±0.36	5.71±0.15
T-2+槲皮素	5.39±0.17	5.28±0.10	5.10±0.23*	4.95±0.08*	5.01±0.21*
T-2+芦丁	5.56±0.11	5.77±0.12	5.86±0.06*	5.99±0.32	5.96±0.11*
T-2+茶多酚	5.11±0.08*	5.40±0.16	5.59±0.14	6.02±0.15*	6.03±0.25*
AFB_1+槲皮素	5.51±0.12	5.32±0.06	5.50±0.28	5.62±0.14	5.70±0.17
AFB_1+芦丁	4.91±0.11*	4.98±0.05*	5.13±0.16*	5.25±0.09*	5.21±0.08*
AFB_1+茶多酚	4.26±0.15*	4.97±0.22*	5.53±0.35	5.64±0.11	5.69±0.05
OTA+槲皮素	4.93±0.16*	5.21±0.05	5.51±0.08	5.83±0.21	6.14±0.14*
OTA+芦丁	4.52±0.08*	5.26±0.12	5.24±0.12	5.66±0.13	5.88±0.13
OTA+茶多酚	5.23±0.08*	5.28±0.17	5.26±0.18	5.66±0.22	5.74±0.12*

续表

毒素分组	取样时间点/d				
	4	8	12	16	20
DON+槲皮素	5.50±0.22*	5.46±0.08*	5.31±0.12	5.21±0.41	4.97±0.11*
DON+芦丁	5.47±0.21*	5.38±0.21	5.29±0.16*	4.99±0.32*	4.74±0.24*
DON+茶多酚	5.48±0.18*	5.31±0.19	5.23±0.13*	4.86±0.18*	4.68±0.14*

注：同列数据右上角的*，表示与对照组相比存在显著差异（$p<0.05$）。

表 11-2 真菌毒素与诱导剂联合暴露对罗非鱼增重率的影响　　（单位：%）

毒素分组	取样时间点/d				
	4	8	12	16	20
对照	8.26±0.14	8.69±0.31	8.49±0.24	8.68±0.19	8.96±0.17
T-2+槲皮素	8.49±0.21	8.56±0.29	8.52±0.32	8.63±0.09	8.85±0.15
T-2+芦丁	8.21±0.12	8.47±0.16	8.01±0.17*	7.98±0.13*	7.84±0.16*
T-2+茶多酚	8.21±0.11	8.56±0.14	8.39±0.25	8.54±0.26	8.01±0.26*
AFB_1+槲皮素	8.17±0.26	8.04±0.09*	8.21±0.22*	8.37±0.19	8.28±0.19*
AFB_1+芦丁	7.01±0.12*	7.56±0.13*	7.76±0.14*	7.97±0.26*	7.69±0.09*
AFB_1+茶多酚	8.21±0.06	8.49±0.34	8.29±0.28*	8.08±0.21*	7.96±0.14*
OTA+槲皮素	8.05±0.34	8.59±0.17	8.11±0.07*	8.26±0.05*	8.86±0.22
OTA+芦丁	8.48±0.10	8.52±0.06*	8.87±0.22*	8.46±0.22	8.35±0.23*
OTA+茶多酚	8.25±0.12	8.70±0.08*	8.81±0.16*	8.26±0.07*	7.96±0.17*
DON+槲皮素	8.01±0.15*	8.45±0.09*	8.11±0.26*	8.04±0.16*	8.05±0.19*
DON+芦丁	7.95±0.18*	7.88±0.19*	7.98±0.18*	7.19±0.09*	7.38±0.07*
DON+茶多酚	8.16±0.19*	8.12±0.07*	8.35±0.18*	7.92±0.24*	8.00±0.34*

注：同列数据右上角的*，表示与对照组相比存在显著差异（$p<0.05$）。

（2）对存活率的影响

如表 11-3 所示，对虾对照组 20 d 存活率较稳定，均在 95% 以上。T-2+槲皮素组与 T-2+芦丁组对虾存活率均呈现逐渐下降趋势，但整体均高于 90%。T-2+茶多酚组在 12 d 时存活率为 100%，随后逐渐下降，但整体与其他组相比存活率较高。AFB_1+茶多酚组与 AFB_1+诱导剂组其他组相比存活率较高，均在 90% 以上。OTA+诱导剂组存活率总体均在 90% 以上，其中 OTA+茶多酚组与其他两组相比存活率较高。DON+诱导剂组存活率均呈现先升高后降低趋势，DON+芦丁组与其他两组相比存活率较低，20 d 时降低为 88.08%。

如表 11-4 所示，罗非鱼对照组存活率较高，总体均在 95% 以上，8 d、16 d 存活率为 100%。T-2+诱导剂组存活率均呈现波动性趋势变化，但 T-2+槲皮素组与其他两组相比存活率较高。AFB_1+槲皮素组存活率较高，16 d、20 d 时均高于 95%，而 AFB_1+芦丁组呈现逐渐下降趋势，但总体高于 90%。AFB_1 + 茶多酚组与对照组相比明显降低，在 20 d 时存活率低于 90%。OTA + 诱导剂组存活率与对照组相比降低，但槲皮素组与芦丁组总体仍高于 90%。DON + 茶多酚组 12~20 d 存活率低于 90%。

表 11-3 真菌毒素与诱导剂联合暴露对对虾存活率的影响 （单位：%）

毒素分组	取样时间点/d				
	4	8	12	16	20
对照	96.63	97.12	95.63	96.14	97.62
T-2 + 槲皮素	95.69	93.16	92.14	92.52	91.25
T-2 + 芦丁	95.21	93.26	91.44	90.58	90.68
T-2 + 茶多酚	93.47	92.11	100	94.15	93.26
AFB_1 + 槲皮素	95.44	94.26	93.14	90.08	88.32
AFB_1 + 芦丁	92.36	92.16	90.17	90.14	89.35
AFB_1 + 茶多酚	97.26	97.14	94.29	92.01	90.08
OTA + 槲皮素	93.39	92.18	90.17	90.04	92.15
OTA + 芦丁	95.18	93.44	92.05	92.32	90.28
OTA + 茶多酚	95.36	91.22	100	95.63	92.03
DON + 槲皮素	92.03	95.16	96.33	93.35	90.10
DON + 芦丁	90.08	92.36	91.22	90.10	88.08
DON + 茶多酚	92.09	90.11	91.05	93.18	92.16

表 11-4 真菌毒素与诱导剂联合暴露对罗非鱼存活率的影响 （单位：%）

毒素分组	取样时间点/d				
	4	8	12	16	20
对照	96.36	100	95.63	100	95.14
T-2 + 槲皮素	93.24	92.05	91.06	95.63	93.21
T-2 + 芦丁	92.13	95.69	90.08	93.15	95.96
T-2 + 茶多酚	92.14	93.33	91.28	90.83	90.69
AFB_1 + 槲皮素	93.69	92.65	94.19	95.11	95.08
AFB_1 + 芦丁	96.33	95.39	94.08	93.45	91.62
AFB_1 + 茶多酚	93.26	90.28	91.22	91.07	89.55
OTA + 槲皮素	95.08	94.19	94.22	91.15	91.13
OTA + 芦丁	92.05	93.33	95.48	95.09	95.11
OTA + 茶多酚	92.16	93.46	95.07	93.85	95.49
DON + 槲皮素	92.11	91.62	91.04	90.43	91.48
DON + 芦丁	93.08	93.11	92.85	91.15	90.11
DON + 茶多酚	92.11	90.18	89.36	89.11	89.72

11.3.2 对对虾与罗非鱼肝重比的影响

如表 11-5 所示,对虾对照组肝重比总体呈现不显著波动性变化。T-2 + 槲皮素组在 4 d、8 d 时显著升高($p<0.05$)。T-2 + 芦丁组在 8 d 后与对照组相比均呈现显著升高趋势,T-2 + 茶多酚组在 16 d 时与对照组相比显著升高。而 AFB_1 + 槲皮素组对虾肝重比在 8 d、12 d 呈现显著降低趋势($p<0.05$),随后又显著升高,AFB_1 + 芦丁组在 8~20 d 呈现显著升高趋势,AFB_1 + 茶多酚组肝重比与对照组相比无显著变化($p>0.05$)。OTA + 槲皮素与 OTA + 芦丁组在 8~16 d 均呈现显著升高趋势,OTA + 茶多酚组仅在 8 d、20 d 时肝重比显著升高($p<0.05$)。DON + 槲皮素组在 4 d 时呈现显著升高,随后下降至对照组水平,DON + 芦丁与 DON + 茶多酚组均呈现波动性变化。

如表 11-6 所示,罗非鱼对照组肝重比总体波动在 0.029~0.033,较为稳定。T-2 + 槲皮素组与 T-2 + 芦丁组均呈现先升高后降低趋势,而 T-2 + 茶多酚组则无明显变化($p>0.05$)。AFB_1 + 槲皮素与 AFB_1 + 芦丁组肝重比呈现逐渐降低趋势,并在 12~20 d 时显著低于对照组,AFB_1 + 茶多酚组肝重比与对照组相比明显降低。OTA + 槲皮素与 OTA + 芦丁组在第 20 d 时显著低于对照组($p<0.05$),OTA + 茶多酚组无明显变化。DON + 槲皮素组在 8 d、12 d 和 20 d 时肝重比显著降低($p<0.05$),DON + 芦丁组除在 8 d 时升高,其他时间肝重比均显著低于对照组水平,OTA + 茶多酚组与对照组相比无显著变化($p>0.05$)。

表 11-5 真菌毒素与诱导剂联合暴露对对虾肝重比的影响

毒素分组	取样时间点/d				
	4	8	12	16	20
对照	0.043±0.007	0.045±0.001	0.044±0.002	0.043±0.005	0.047±0.002
T-2 + 槲皮素	0.050±0.003*	0.050±0.007*	0.044±0.010	0.043±0.012*	0.041±0.009
T-2 + 芦丁	0.044±0.004	0.052±0.015	0.052±0.015*	0.042±0.012*	0.049±0.011*
T-2 + 茶多酚	0.046±0.009	0.047±0.005	0.042±0.009	0.055±0.013*	0.047±0.007
AFB_1 + 槲皮素	0.047±0.007	0.038±0.009*	0.036±0.001*	0.049±0.008*	0.051±0.016*
AFB_1 + 芦丁	0.037±0.011*	0.053±0.012*	0.050±0.004*	0.060±0.008*	0.050±0.012*
AFB_1 + 茶多酚	0.049±0.010	0.041±0.014	0.046±0.012	0.042±0.012	0.043±0.007
OTA + 槲皮素	0.041±0.010	0.050±0.007*	0.050±0.011*	0.044±0.007*	0.047±0.006
OTA + 芦丁	0.045±0.005	0.051±0.009*	0.051±0.001*	0.049±0.007*	0.046±0.012
OTA + 茶多酚	0.041±0.004	0.050±0.008*	0.047±0.011	0.046±0.005	0.054±0.005*
DON + 槲皮素	0.059±0.003*	0.048±0.005	0.042±0.009	0.049±0.011*	0.043±0.006
DON + 芦丁	0.043±0.004	0.049±0.007*	0.051±0.006*	0.048±0.011*	0.044±0.009
DON + 茶多酚	0.044±0.010	0.056±0.010*	0.050±0.009*	0.047±0.009	0.055±0.003*

注:同列数据右上角的*,表示与对照组相比存在显著差异($p<0.05$)。

表 11-6 真菌毒素与诱导剂联合暴露对罗非鱼肝重比的影响

毒素分组	取样时间点/d				
	4	8	12	16	20
对照	0.033±0.010	0.032±0.007	0.029±0.005	0.029±0.003	0.031±0.006
T-2 + 槲皮素	0.042±0.007*	0.045±0.019*	0.034±0.008	0.028±0.006	0.032±0.006
T-2 + 芦丁	0.032±0.008	0.053±0.010*	0.035±0.008*	0.028±0.008	0.027±0.011
T-2 + 茶多酚	0.034±0.008	0.038±0.006	0.028±0.005	0.029±0.007	0.029±0.006
AFB_1 + 槲皮素	0.036±0.016	0.030±0.011	0.022±0.006*	0.018±0.007*	0.018±0.005*
AFB_1 + 芦丁	0.036±0.016	0.035±0.012	0.021±0.005*	0.022±0.008*	0.017±0.004*
AFB_1 + 茶多酚	0.028±0.002*	0.029±0.005*	0.022±0.006*	0.020±0.005*	0.017±0.004*
OTA + 槲皮素	0.032±0.013	0.028±0.002	0.027±0.007	0.029±0.008	0.025±0.005*
OTA + 芦丁	0.030±0.016	0.036±0.013	0.029±0.010	0.031±0.009	0.027±0.004*
OTA + 茶多酚	0.028±0.010	0.030±0.006	0.029±0.005	0.028±0.007	0.031±0.008
DON + 槲皮素	0.034±0.008	0.021±0.009*	0.023±0.005*	0.028±0.009	0.022±0.003*
DON + 芦丁	0.024±0.011*	0.035±0.010	0.026±0.003*	0.028±0.005*	0.025±0.005*
DON + 茶多酚	0.032±0.005	0.033±0.007	0.032±0.013	0.037±0.008	0.029±0.006

注：同列数据右上角的*，表示与对照组相比存在显著差异（$p<0.05$）。

11.3.3 对虾肝胰腺与肌肉 T-2、AFB_1、OTA 和 DON 残留量分析

如图 11-1a 所示，T-2 毒素单独暴露对虾肝胰腺残留量随暴露剂量增加呈现上升趋势，并在 20 d 达到最大值为 79.02 ng/g。T-2 + 槲皮素组与 T-2 + 芦丁组呈现先上升后下降趋势，T-2 + 茶多酚组对虾肝胰腺残留量呈现下降趋势。三种诱导剂添加后 T-2 毒素残留在肝胰腺中消减排序为：茶多酚组＞槲皮素组＞芦丁组。

T-2 单独暴露后对虾肌肉残留量同样呈现上升趋势，但诱导剂添加组残留量明显低于单独暴露组，T-2 + 槲皮素组残留呈现缓慢下降趋势，T-2 + 芦丁组与 T-2 + 茶多酚组总体呈现交替下降趋势，诱导剂添加后 T-2 毒素残留在肌肉中的消减排序为：茶多酚组＞芦丁组＞槲皮素组（图 11-1b）。

如图 11-2a 所示，AFB_1 单独暴露后对虾肝胰腺残留量呈现逐渐上升趋势，20 d 达到最大值为 70.36 ng/g，诱导剂添加组在 4～16 d 残留量呈现交替上升趋势，20 d 均显著降低，其中 AFB_1 + 茶多酚组残留量降低最为明显，其次为 AFB_1 + 芦丁组，因此，诱导剂添加后 AFB_1 毒素残留在肝胰腺的消减排序为：茶多酚组＞芦丁组＞槲皮素组。

AFB_1 单独暴露后对虾肌肉中残留量同样呈现持续上升趋势，并在 20 d 达到最大值为 18.81 ng/g。诱导剂添加组 AFB_1 残留量 20 d 内呈现交替上升趋势，其中 AFB_1 + 槲皮素组上升最为显著，即毒素消减量最低。其次为 AFB_1 + 茶多酚组，最后为 AFB_1 + 芦丁组。因此，

诱导剂添加后 AFB$_1$ 毒素残留在肌肉的消减排序为：芦丁组＞茶多酚组＞槲皮素组（图 11-2b）。

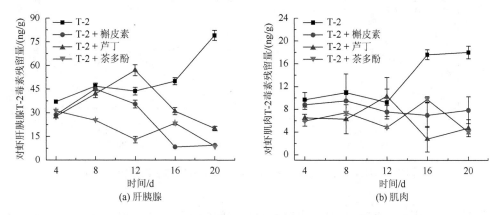

图 11-1　T-2 毒素与诱导剂联合暴露对虾肝胰腺与肌肉残留量变化

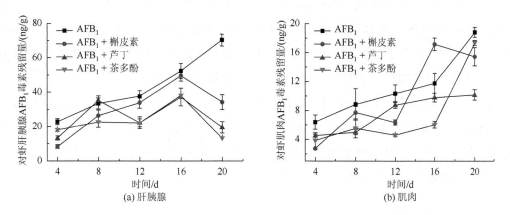

图 11-2　AFB$_1$ 毒素与诱导剂联合暴露对虾肝胰腺与肌肉残留量变化

如图 11-3a 所示，OTA 单独暴露后对虾肝胰腺残留量逐渐上升，并在 20 d 达到最大值为 23.36 ng/g，OTA＋槲皮素组残留量呈现迅速升高趋势，在 16 d 达到最大值 29.75 ng/g，随后略有降低。OTA＋茶多酚组同样呈现先升高后降低趋势。OTA＋芦丁组中 OTA 残留量在 12～20 d 均未检出，可得出三种诱导剂对 OTA 毒素在对虾肝胰腺的残留消减效果最好的是芦丁。排列顺序为：芦丁组＞茶多酚组＞槲皮素组。

OTA 单独暴露对虾肌肉残留量呈现持续交替升高趋势，在 20 d 达到最大值。OTA＋槲皮素组对虾肌肉残留呈现持续升高趋势，在 20 d 达到最大值，并大于 OTA 单独暴露后最大值，可得出槲皮素阻碍了 OTA 毒素在肌肉中的下降。OTA＋芦丁组残留量呈现波动性变化，但总体均低于 OTA 单独暴露后残留量。OTA＋茶多酚组变化较平稳，但部分天数残留量高于 OTA 单独暴露时的量。因此，综合分析可得出诱导剂添加后 OTA 毒素残留在肌肉的消减排序为：芦丁组＞茶多酚组＞槲皮素组（图 11-3b）。

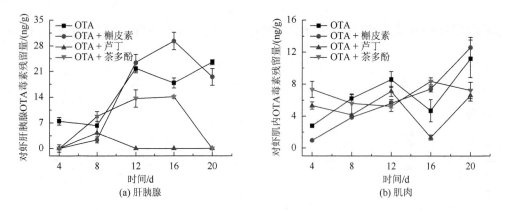

图 11-3　OTA 毒素与诱导剂联合暴露对虾肝胰腺与肌肉残留量变化

如图 11-4a 所示，DON 单独暴露时在对虾肝胰腺中残留量缓慢上升，并在 20 d 达到最大值。DON＋茶多酚组残留量持续上升，在 16 d 达到最大值，20 d 之后逐渐下降。总体残留量低于 DON 单独暴露组。DON＋槲皮素组与 DON＋芦丁组对虾肝胰腺 DON 残留呈现波动性变化，芦丁组 DON 消减量高于槲皮素组。因此，可得出诱导剂添加后 DON 毒素残留在肝胰腺的消减排序为：芦丁组＞茶多酚组＞槲皮素组。

DON 单独暴露后对虾肌肉呈现平稳上升趋势，在 20 d 迅速升高并达到最大值为 23.22 ng/g，三个诱导剂组 DON 残留量变化均呈现平稳上升趋势，DON 残留量未见明显下降，但 DON＋芦丁组残留量降低效果较好。因此，可得出 DON 毒素残留在肌肉的消减排序为：芦丁组＞茶多酚组＞槲皮素组（图 11-4b）。

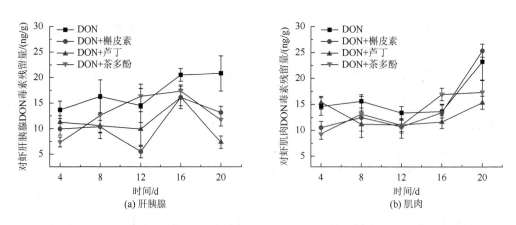

图 11-4　DON 毒素与诱导剂联合暴露对虾肝胰腺与肌肉残留量变化

11.3.4　罗非鱼肝脏与肌肉部位真菌毒素残留量分析

如图 11-5a 所示，T-2 毒素暴露后罗非鱼肝脏残留量呈现缓慢上升趋势。T-2＋槲皮素组同样在20 d内呈现缓慢上升趋势,T-2＋茶多酚组T-2毒素残留量在4 d、8 d时均高于单独暴露组,可看出其毒素消减率较低。T-2＋芦丁组残留呈现先升高后缓慢降低趋势,其残留量均低于单独暴露组。因此,综合分析T-2残留在罗非鱼肝脏的消减排序为:茶多酚组＞芦丁组＞槲皮素组。

T-2毒素暴露后罗非鱼肌肉残留在20 d内呈逐渐上升趋势,并在20 d达到最大值。诱导添加剂组T-2残留呈现缓慢上升趋势,其中T-2＋槲皮素组16 d出现下降趋势,可看出槲皮素对罗非鱼肝脏T-2毒素残留消减效果较好,其次为茶多酚组。因此,可得出T-2残留在罗非鱼肌肉的消减排序为:槲皮素组＞茶多酚组＞芦丁组(图11-5b)。

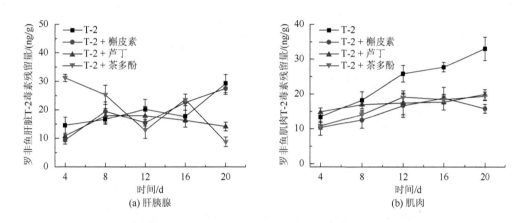

图11-5 T-2毒素与诱导剂联合暴露罗非鱼肝脏与肌肉残留量变化

如图11-6a所示,AFB_1暴露后罗非鱼肝脏残留呈先下降后上升趋势。AFB_1＋槲皮素组20 d内逐渐上升,20 d残留与单独显露组相差不大。AFB_1＋芦丁组与单独显露组趋势相同,但其残留量均低于单独暴露组。AFB_1＋茶多酚组残留逐渐升高,可看出其毒素消减率较低。因此,综合分析AFB_1残留在罗非鱼肝脏的消减排序为:芦丁组＞茶多酚组＞槲皮素组。

AFB_1暴露后罗非鱼肌肉残留呈现波动性变化,但在20 d达到最大值。诱导剂组AFB_1残留均呈现缓慢上升趋势,其中槲皮素组升高最为显著。三种诱导剂残留均显著高于单独暴露组,无明显消减作用。因此可得出,AFB_1在肌肉中残留较难被诱导剂消减(图11-6b)。

如图11-7a所示,OTA单独暴露后罗非鱼肝脏残留量逐渐上升,在20 d达到最大值,三个诱导剂添加组残留均呈现同样变化趋势,综合分析可得出添加OTA残留在罗非鱼肝脏的消减排序为:茶多酚组＞槲皮素组＞芦丁组。OTA单独和与诱导剂联合暴露后,罗非鱼肌肉OTA残留量呈逐渐升高趋势,但残留消减未见明显差别。其中茶多酚组残留消减相对其他两个诱导剂组较好。

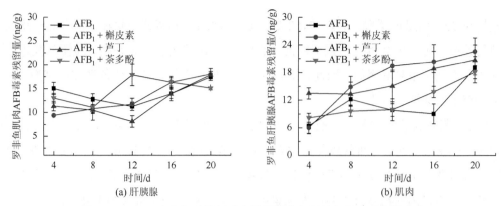

图 11-6　AFB_1 毒素与诱导剂联合暴露罗非鱼肝脏与肌肉残留量变化

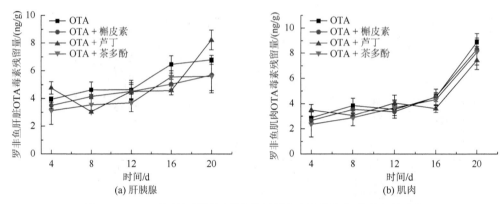

图 11-7　OTA 毒素与诱导剂联合暴露罗非鱼肝脏与肌肉残留量变化

11.3.5　真菌毒素与诱导剂联合暴露对对虾与罗非鱼肝部位病理组织学分析

（1）T-2 毒素与诱导剂联合暴露对对虾与罗非鱼病理组织学分析

T-2 + 槲皮素组对虾肝细胞低剂量组与对照组相比无明显变化；亚低剂量组时有轻微空泡化，管腔异常；中剂量组时空泡化增多，但基底膜保持完整，胚细胞略有降低；高剂量组时部分细胞出现溶解，肝小管排列松散，但基底膜完整，仍可见到胚细胞。T-2 + 芦丁组对虾肝胰腺细胞总体变化为管腔异常，中剂量组时最为明显；亚高剂量组出现部分细胞空泡化，可见胚细胞；高剂量组时基底膜出现异常，肝小管开始溶解。T-2 + 茶多酚组的亚低剂量组出现部分细胞管腔异常，轻微空泡化，但部分细胞均为正常状态，胚细胞清晰可见；中剂量组时出现明显空泡化，肝小管排列松散；亚高、高剂量组时对虾细胞器出现溶解现象，部分细胞基底膜边界模糊不清。由损伤程度可见，T-2 + 槲皮素组对虾肝胰腺在高剂量下损伤程度较低，但 T-2 + 茶多酚组在中剂量时细胞形态较完整（图 11-8）。

T-2 + 槲皮素组罗非鱼肝细胞亚低剂量组细胞核呈现浅染紫色，且形状不规则，出现轻微空泡化；中剂量组细胞膜边界模糊；亚高剂量组空泡化明显，部分细胞无核；高剂量

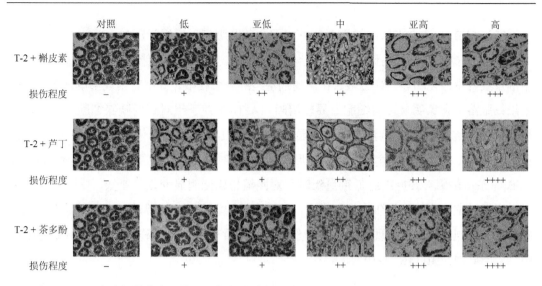

图 11-8　T-2 毒素与槲皮素、芦丁、茶多酚联合暴露对对虾肝胰腺病理组织学的影响（200×）

组细胞血窦毛细血管增加，血窦间隙明显增大，空泡化严重。T-2＋芦丁组罗非鱼肝细胞亚低剂量组出现轻微空泡化；中剂量组血窦内毛细血管增多；亚高剂量组空泡化明显，细胞核浅染紫色，且呈现不规则状；高剂量组内血窦内毛细血管显著增加，细胞膜边界较清晰，未见细胞溶解现象。T-2＋茶多酚组罗非鱼肝细胞低剂量组时细胞肝糖原消耗较大，细胞质呈现紫色；中、亚高剂量组细胞边界清晰，细胞核呈圆形深紫色；高剂量组出现轻微空泡化。由病理损伤程度可得出，T-2 与茶多酚联合暴露对罗非鱼肝脏损伤较小，其次为 T-2＋芦丁组，T-2＋槲皮素组肝细胞损伤较明显（图 11-9）。

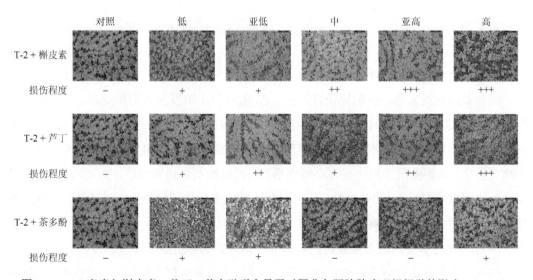

图 11-9　T-2 毒素与槲皮素、芦丁、茶多酚联合暴露对罗非鱼肝胰腺病理组织学的影响（400×）

(2) AFB_1 与诱导剂联合暴露对对虾与罗非鱼肝脏病理组织学影响

AFB_1 + 槲皮素组低剂量组对虾部分肝细胞管腔出现异常,且伴随轻微空泡化;亚低~中剂量组内空泡化明显,管腔增大;亚高剂量组肝小管松散,肝小管出现溶解现象;高剂量组细胞溶解现象明显,但细胞边界较清晰。AFB_1 + 芦丁组对虾肝胰腺细胞主要变化为星状管腔异常,低、亚低剂量组较为明显;中剂量组出现明显空泡化,星状管腔出现异常;亚高剂量组空泡化明显,管腔增大呈圆形;高剂量组时肝小管出现溶解,膜边界形状异常。AFB_1 + 茶多酚组对虾肝细胞低剂量组时与对照组相比无明显变化,亚低、中、亚高剂量组出现轻微空泡化,部分细胞管腔增大,但细胞结构较完整,边界清晰;高剂量组出现管腔异常,细胞无明显溶解现象。根据损伤程度,可看出 AFB_1 + 茶多酚组对虾肝细胞损伤明显低于其他两组(图 11-10)。

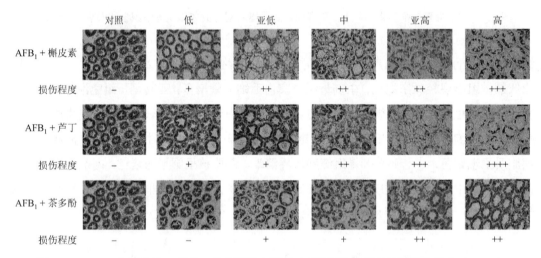

图 11-10 AFB_1 与槲皮素、芦丁、茶多酚联合暴露对对虾肝胰腺病理组织学的影响(200×)

AFB_1 + 槲皮素组罗非鱼肝细胞所有剂量组血窦间毛细血管均显著增加,血窦间隙增大,细胞质出现浅紫色,肝糖原消耗过量。AFB_1 + 芦丁组罗非鱼肝细胞所有剂量组总体呈现细胞质浅紫色,血窦间隙不清晰,毛细血管增多;高剂量组细胞核颜色变浅,且呈现不规则形状,未见明显空泡化,损伤程度较低。AFB_1 + 茶多酚组罗非鱼在中剂量组出现轻微空泡化;高剂量组细胞核呈现不规则形状,但细胞整体边界清晰,未见明显损伤。由损伤对比程度可得出,AFB_1 + 茶多酚组罗非鱼肝细胞损伤程度最小,其次为芦丁组,槲皮素组损伤较大,但未观察到细胞溶解现象(图 11-11)。

(3) OTA 与诱导剂联合暴露对对虾与罗非鱼肝脏病理组织学分析

OTA + 槲皮素组对虾肝细胞在低、亚低剂量组出现部分轻微空泡化,星状管腔出现异常;中剂量组空泡化较明显,胚细胞明显减少;亚高剂量组时基底膜呈现不规则形状,肝

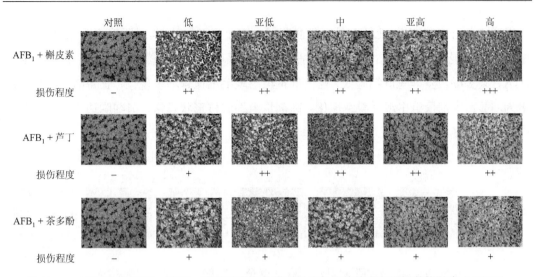

图 11-11　AFB_1 与槲皮素、芦丁、茶多酚联合暴露对罗非鱼肝胰腺病理组织学的影响（400×）

小管排列松散；高剂量组细胞空泡化，伴随肝小管出现溶解现象。OTA＋芦丁组对虾肝细胞低、亚低剂量组主要出现管腔异常；中剂量组出现明显空泡化，肝小管排列松散，星状管腔出现异常；亚高剂量组时明显空泡化，基底膜出现溶解现象，胚细胞消失，空泡化消失；高剂量组肝小管开始出现溶解。OTA＋茶多酚组对虾肝细胞在低、亚低剂量组时出现轻微空泡化；中剂量组空泡化明显，管腔异常；亚高、高剂量组细胞出现圆形管腔，未见明显细胞溶解现象，损伤程度较低（图 11-12）。

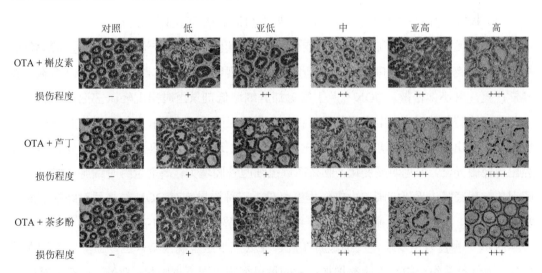

图 11-12　OTA 与槲皮素、芦丁、茶多酚联合暴露对对虾肝胰腺病理组织学的影响（200×）

OTA＋槲皮素组罗非鱼肝细胞所有剂量组细胞质均呈现浅染紫色，且血窦间毛细血管显著增多；高剂量组时细胞出现轻微空泡化，细胞边界清晰，未见明显溶解现象。OTA＋芦丁组罗非鱼肝细胞在低、亚低剂量组除血窦间毛细血管增加外，与对照组相比无明显变化；中剂量组出现明显空泡化；高剂量组细胞出现溶解现象，边界模糊，血窦形状不规则。OTA+茶多酚组罗非鱼肝细胞低、亚低剂量组出现毛细血管增多现象，亚高剂量组时现象更为明显；中剂量组出现轻微空泡化；高剂量组细胞核形状异常，但细胞边界清晰，血窦间隙紧密（图11-13）。

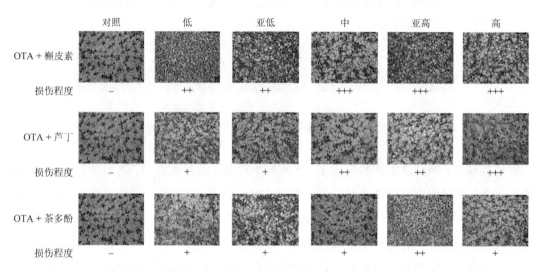

图11-13 OTA与槲皮素、芦丁、茶多酚联合暴露对罗非鱼肝胰腺病理组织学的影响（400×）

（4）DON与诱导剂联合暴露对对虾与罗非鱼肝脏病理组织学分析

DON+槲皮素组对虾肝细胞低、亚低和中剂量组出现轻微空泡化，胚细胞逐渐消失，中剂量组基底膜逐渐不清晰；亚高剂量组时管腔出现明显增大异常，高剂量组时细胞管腔异常严重，肝小体松散。DON+芦丁组对虾肝细胞低剂量组时出现轻微空泡化；亚低、中剂量组管腔严重增大，出现明显异常；亚高剂量组明显空泡化；高剂量组细胞肝小管松散，细胞器出现明显溶解现象。DON+茶多酚组亚低、低和中剂量组对虾部分肝细胞管腔出现轻微异常，未见明显变化；亚高剂量组细胞管腔增大；高剂量组时细胞开始出现溶解现象，基底膜边界不清晰。由损伤程度可见，三种诱导剂对DON暴露后对虾损伤的修复程度相同，均呈现三级损伤，部分肝细胞出现溶解现象（图11-14）。

DON+槲皮素组罗非鱼肝细胞质在低、亚低剂量组呈现浅染紫色，血窦间毛细血管增加，亚低剂量组巨噬细胞明显增加；中剂量组细胞出现不规则状；亚高、高剂量组除细胞出现轻微空泡化外，还发现细胞边界模糊。DON+芦丁组罗非鱼低、中剂量组细胞呈现浅染紫色，肝糖原消耗较大；亚高、高剂量组细胞未见明显异常。DON+茶多酚组肝细胞所有剂量组细胞排列紧密，血窦间隙较小，形状规则，与对照组相比均未见明显异

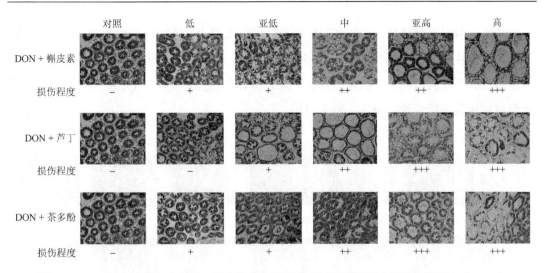

图 11-14　DON 与槲皮素、芦丁、茶多酚联合暴露对对虾肝胰腺病理组织学的影响（200×）

常。由肝损伤程度可得出，芦丁与茶多酚对 DON 暴露后罗非鱼肝细胞损伤修复程度较好（图 11-15）。

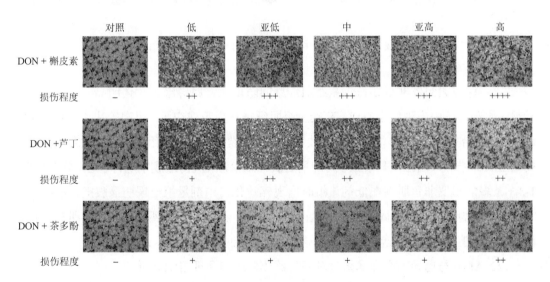

图 11-15　DON 与槲皮素、芦丁、茶多酚联合暴露对罗非鱼肝胰腺病理组织学的影响（400×）

11.3.6　真菌毒素与诱导剂联合暴露对对虾与罗非鱼肌肉病理组织学影响

（1）T-2 与诱导剂联合暴露对对虾与罗非鱼肌肉病理组织学分析

T-2＋槲皮素组对虾肌肉在中剂量组肌纤维出现细小间隙，亚高剂量组肌纤维碎片化严重，高剂量组肌肉间间隙增大。T-2＋芦丁组对虾肌纤维在低剂量组时出现轻微间隙，中剂量组时肌纤维间隙明显，亚高剂量组肌纤维间隙增大，肌肉碎片化明显，高剂量组肌纤维严重碎片化，肌束断裂。T-2＋茶多酚组对虾在中、亚高剂量组肌纤维出现间隙，高剂量组时肌纤维间隙增大，肌肉碎片化明显。由损伤程度可看出，T-2毒素与茶多酚联合暴露对对虾肌肉损伤程度最低（图11-16）。

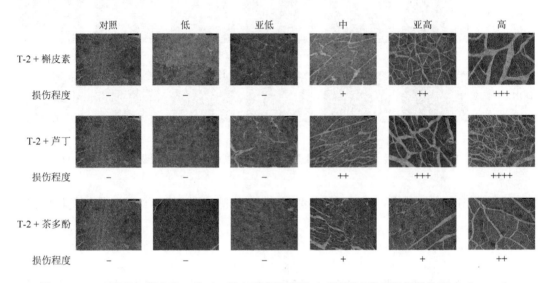

图11-16　T-2毒素与槲皮素、芦丁、茶多酚联合暴露对对虾肌肉病理组织学的影响（200×）

T-2＋槲皮素组罗非鱼在低剂量组肌纤维间隙增大，肌纤维碎片化明显，中、亚高剂量组时肌肉碎片中出现细小裂纹，高剂量组肌纤维从内形成空洞，肌肉碎片化严重。T-2＋芦丁组在低剂量组时罗非鱼肌纤维松散，出现轻微裂痕，中剂量组肌肉碎片化严重，亚高剂量组肌纤维碎片出现明显裂痕，高剂量组肌纤维松散，从内形成空洞，可见条状肌纤维。T-2＋茶多酚组罗非鱼肌肉在低剂量组时出现碎片化，中剂量组出现明显裂痕，肌纤维间隙明显，高剂量组肌纤维碎片溶解，从内形成空洞。三种诱导剂组对T-2暴露引起的损伤程度相同，但T-2＋槲皮素组罗非鱼肌肉纤维完整性较好（图11-17）。

（2）AFB_1与诱导剂联合暴露对对虾与罗非鱼肌肉病理组织分析

AFB_1＋槲皮素组对虾肌纤维在低剂量组时出现明显间隙，中剂量组肌纤维间隙增大，亚高、高剂量组肌纤维出现明显裂痕，肌肉碎片化逐渐严重。AFB_1＋芦丁组对虾肌肉病理在亚高剂量组出现轻微裂痕，高剂量组肌纤维出现明显细微间隙，但肌纤维组织整齐排列，未见肌肉碎片化。AFB_1＋茶多酚组对虾肌肉在亚低、中剂量组时出现明显间隙，亚高剂量组时肌纤维间隙增大，高剂量组肌纤维碎片化明显。由损伤程度可看出，AFB_1＋芦丁组对虾肌纤维破坏程度最小，槲皮素组和茶多酚组肌纤维破坏程度相同（图11-18）。

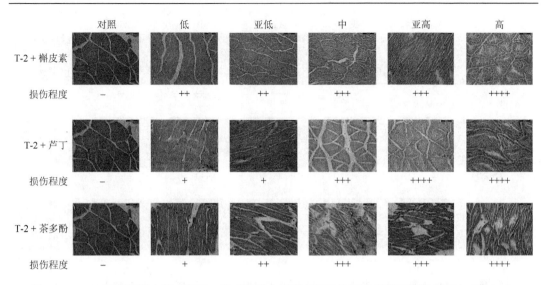

图 11-17 T-2 毒素与槲皮素、芦丁、茶多酚联合暴露对罗非鱼肌肉病理组织学的影响（400×）

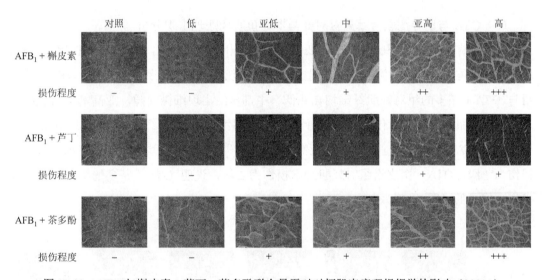

图 11-18 AFB_1 与槲皮素、芦丁、茶多酚联合暴露对对虾肌肉病理组织学的影响（200×）

AFB_1 + 槲皮素组罗非鱼肌肉在低剂量组时肌纤维间隙增大，肌肉碎片化明显，且肌纤维内部有细微裂痕，中剂量组肌纤维裂痕明显，从内形成空洞，亚高剂量组肌纤维松散，可见单条状纤维，高剂量组条状纤维逐渐碎片化。AFB_1 + 芦丁组罗非鱼肌纤维在低剂量组出现间隙，亚低剂量组肌纤维间开始出现细微裂痕，中、亚高、高剂量组肌纤维碎片化较明显，且从内逐渐形成空洞，可见条状纤维。AFB_1 + 茶多酚组对虾罗非鱼肌纤维在低、中、亚高、高剂量组肌纤维均出现明显间隙，且肌纤维碎片出现细微裂痕，高剂量组时肌纤维未见明显空洞化。由损伤程度可知，AFB_1 + 茶多酚组罗非鱼肌纤维损伤程度最低（图 11-19）。

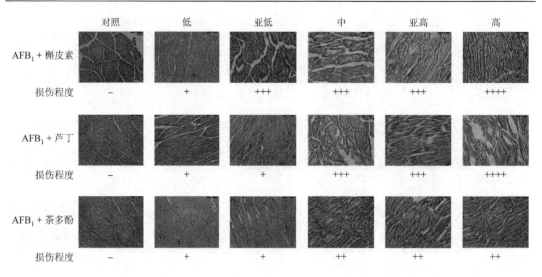

图 11-19　AFB_1 与槲皮素、芦丁、茶多酚联合暴露对罗非鱼肌肉病理组织学的影响（400×）

（3）OTA 与诱导剂联合暴露对对虾与罗非鱼肌肉病理组织分析

OTA + 槲皮素组对虾肌纤维在亚低、中剂量组出现细微间隙，亚高剂量组肌纤维间隙增大，肌纤维出现细微间隙，而高剂量组肌纤维出现明显裂痕，肌肉碎片化。OTA + 芦丁组与 OTA + 茶多酚组对虾肌纤维均在亚低、中剂量组出现细微间隙，亚高剂量组肌纤维间隙增大，肌肉出现碎片化，而在高剂量组肌肉碎片化严重，肌纤维间隙增大。由损伤程度可知，OTA + 茶多酚组亚低、中、亚高剂量组肌纤维破坏程度均为一级，高剂量肌纤维损伤为三级，OTA + 槲皮素组对虾肌纤维损伤为二级，说明 OTA + 茶多酚组对虾肌纤维损伤程度最低（图 11-20）。

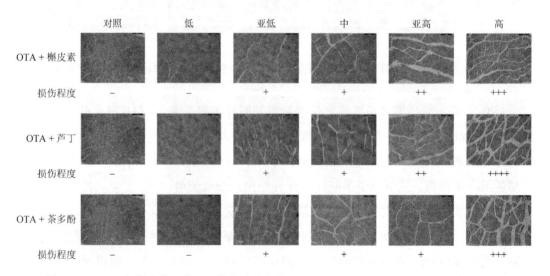

图 11-20　OTA 与槲皮素、芦丁、茶多酚联合暴露对对虾肌肉病理组织学的影响（200×）

OTA＋槲皮素组罗非鱼肌纤维在低剂量组出现细微间隙，肌肉排列紧致，中剂量组时肌纤维间隙增大，肌纤维间出现明显裂痕，高剂量组肌纤维碎片化严重，且伴随肌纤维裂痕。OTA＋芦丁组罗非鱼肌纤维在亚低、低剂量组排列整齐，未见明显较大间隙，中剂量组时肌纤维断裂形成小段，肌纤维内部出现明显裂痕，亚高剂量组肌纤维碎片化严重，高剂量组肌纤维从内形成空洞，可见单条状纤维。OTA＋茶多酚组对虾肌纤维在低剂量组未见明显变化，亚低、中剂量组碎片化严重，肌纤维呈小块状，亚高剂量组肌纤维从内形成空洞，高剂量组肌纤维间隙较多，碎片化严重。由损伤程度可看出，OTA＋茶多酚组罗非鱼肌纤维损伤程度最低（图 11-21）。

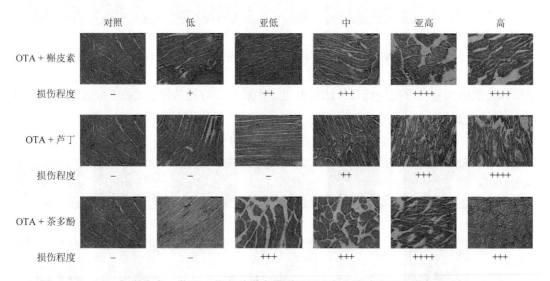

图 11-21 OTA 与槲皮素、芦丁、茶多酚联合暴露对罗非鱼肌肉病理组织学的影响（400×）

（4）DON 与诱导剂联合暴露对对虾与罗非鱼肌肉病理组织影响

DON＋槲皮素组对虾肌纤维在低剂量组间隙增大，中、亚高、高剂量组对虾肌纤维碎片化严重，高剂量组时肌纤维内裂痕尤其明显。DON＋芦丁组对虾肌纤维排列紧密，在亚低、低剂量组未见明显变化。中剂量组开始出现明显间隙，在亚高剂量组时肌纤维间隙增多，肌肉明显碎片化。高剂量组肌纤维碎片化严重，肌束断裂。DON＋茶多酚组对虾肌纤维在中～高剂量组明显出现较多间隙，肌纤维碎片化严重（图 11-22）。

DON＋槲皮素组罗非鱼肌纤维在低剂量组时出现断裂，中剂量组肌纤维断裂严重，且肌纤维内部出现明显裂痕，高剂量组肌纤维逐渐碎片化，边界模糊，内部逐渐形成空洞。DON＋芦丁组肌纤维逐渐碎片化，并在亚高剂量组出现明显裂痕，高剂量组肌纤维裂痕明显增多。DON＋茶多酚组在高剂量组时肌纤维断裂，从内形成空洞，并出现溶解现象。可说明添加三种诱导剂对高剂量 DON 暴露后罗非鱼肌肉损伤程度相同，但亚高剂量芦丁

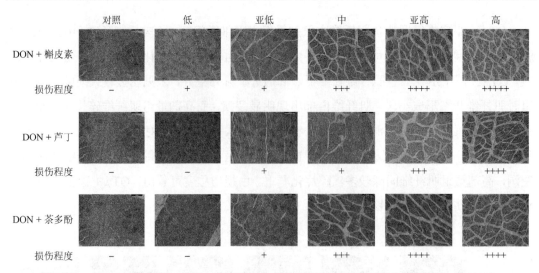

图 11-22　DON 与槲皮素、芦丁、茶多酚联合暴露对对虾肌肉病理组织学的影响（200×）

组罗非鱼肌肉的损伤程度较低。因此可得出，添加芦丁可显著降低 DON 暴露对罗非鱼肌肉的损伤（图 11-23）。

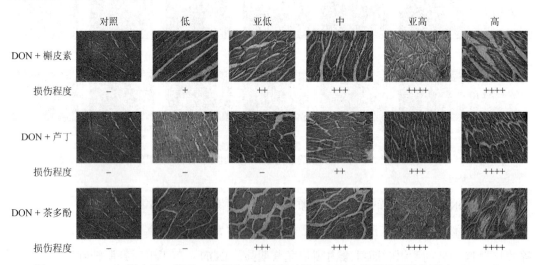

图 11-23　DON 与槲皮素、芦丁、茶多酚联合暴露对罗非鱼肌肉病理组织学的影响（400×）

11.3.7　对对虾及罗非鱼肝微粒体 Ⅰ 相代谢酶活力的影响

（1）对细胞色素 b_5 含量的影响

如图 11-24 所示，T-2 毒素与诱导剂联合暴露后对虾肝微粒体细胞色素 b_5 含量均显著升高，其中 T-2＋芦丁组与 T-2＋茶多酚组在 20 d 升高较明显（$p<0.01$）。T-2＋槲皮素组细胞色素 b_5 含量在第 12 d 达到最大值后逐渐降低，但仍高于对照组。AFB_1 与诱导剂联合暴露中三个诱导剂组细胞色素 b_5 含量均显著升高（$p<0.05$）。AFB_1＋茶多酚组细胞色素

b_5 含量在 8~20 d 较对照组显著升高，AFB_1 + 槲皮素组与 AFB_1 + 芦丁组均在 16 d 达到最大值。OTA 与槲皮素联合暴露后细胞色素 b_5 含量在 16 d 时达到最大值后在 20 d 略有降低。OTA + 芦丁组细胞色素 b_5 含量在 20 d 呈现极显著升高趋势，OTA + 茶多酚组细胞色素 b_5 含量均高于对照组。DON + 槲皮素联合暴露后细胞色素 b_5 含量呈现逐渐升高趋势，并在第 20 d 达到最大值（$p<0.01$），且与暴露剂量有显著剂量效应关系，DON + 芦丁组与 DON + 茶多酚组细胞色素 b_5 含量均呈现波动性升高趋势，但总体含量均高于对照组。

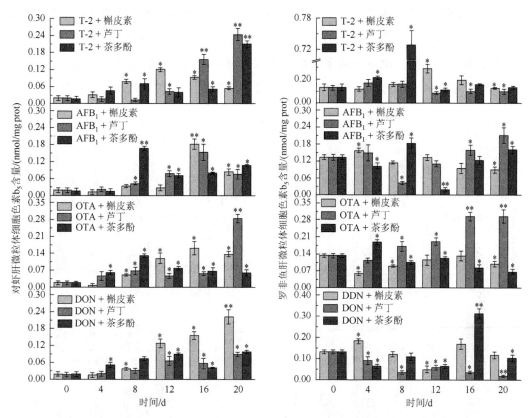

图 11-24 真菌毒素与诱导剂联合暴露对对虾与罗非鱼肝微粒体细胞色素 b_5 的影响

T-2 毒素与槲皮素和芦丁联合暴露后罗非鱼肝微粒体细胞色素 b_5 含量总体呈现抑制效应，T-2 + 芦丁组并在 12~20 d 显著降低（$p<0.05$）。T-2 + 茶多酚组在 4 d、8 d 持续升高，并在第 8 d 达到最大值后显著降低。AFB_1 + 槲皮素暴露后细胞色素在 4 d 时细胞色素 b_5 有显著提高，在 8 d、12 d、16 d 后又恢复到正常水平，但在 20 d 时细胞色素 b_5 会显著下降（$p>0.05$）。AFB_1 + 芦丁组与 AFB_1 + 茶多酚组暴露后总体呈现波动性变化。OTA + 槲皮素组细胞色素 b_5 含量降低，OTA + 芦丁组出现显著升高趋势，且呈现剂量效应关系，OTA + 茶多酚组细胞色素 b_5 含量在 4 d 时达到最大值，随后逐渐降低。DON + 槲皮素在 4 d 时显著提高细胞色素 b_5 含量，DON + 茶多酚组在 16 d 时同样会显著提高细胞色素 b_5 含量，其他 DON 与诱导剂联合暴露后均显示出负面效应，细胞色素 b_5 含量显著降低。

(2) 对 NCCR 酶活力的影响

如图 11-25 所示，T-2+芦丁组对虾肝微粒体 NCCR 酶活力在 4～12 d 显著上升（$p<0.05$），随后略有下降，但在 20 d 时仍低于对照组。T-2+槲皮素组与 T-2+茶多酚组 NCCR 酶活力与对照组相比变化较小，三个诱导剂组的 NCCR 酶活力均在 20 d 时显著低于对照组水平（$p<0.05$）。AFB_1 与诱导剂联合暴露后 NCCR 酶活力呈现波动性变化，且三个诱导剂组均在 16 d、20 d 显著低于对照组（$p<0.05$）。OTA 暴露后槲皮素组与芦丁组 NCCR 酶活力均呈现显著降低趋势。DON+芦丁组 NCCR 酶活力在 4～12 d 时显著升高，且整体均高于对照组水平。DON+茶多酚组 NCCR 酶活力呈现波动性变化，但未见抑制效应（$p>0.05$）。DON+槲皮素组在 4～16 d 内变化并不显著，在 20 d 时显著低于对照组。

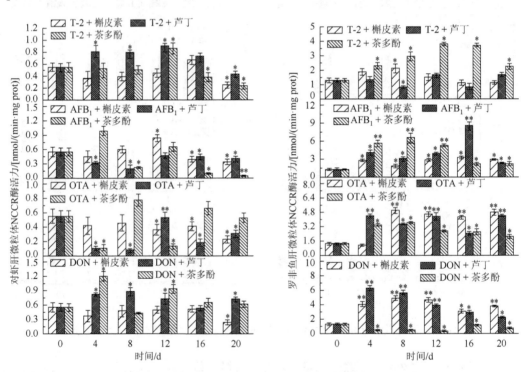

图 11-25 真菌毒素与诱导剂联合暴露对对虾与罗非鱼肝微粒体 NCCR 酶活力的影响

T-2+茶多酚组罗非鱼肝微粒体 NCCR 酶活力逐渐升高，呈现显著诱导效应（$p<0.05$）。T-2+芦丁组与 T-2+槲皮素组呈波动性变化，未见显著诱导效应（$p>0.05$）。AFB_1+芦丁组与槲皮素组 NCCR 酶活力与对照组相比，显著升高，但始终高于对照组。OTA 与诱导剂组罗非鱼肝微粒均表现显著诱导趋势（$p<0.05$），其中，OTA+槲皮素组在 8～20 d 均极显著升高（$p<0.01$）。DON+槲皮素组与芦丁组 NCCR 酶活力在 20 d 内均呈现显著诱导，但均高于对照组。而 DON+茶多酚组 NCCR 酶活力呈现显著抑制作用（$p<0.05$）。

（3）对 AH 酶活力的影响

如图 11-26 所示，T-2 毒素与诱导剂联合暴露后对虾肝微粒体 AH 酶活力均呈现波动性变化，其中 T-2 + 芦丁组 AH 酶活力分别在 4 d、16 d 和 20 d 时显著升高（$p<0.05$）。三个诱导剂组总体酶活力均未低于对照组水平。AFB_1 + 槲皮素组 AH 酶活力呈现先升高后降低趋势，在 12 d 时达到最大值。AFB_1 + 芦丁组与 AFB_1 + 茶多酚组 AH 酶活力均呈现波动性无规律变化。OTA、DON 与诱导剂联合暴露后均呈现无规律性变化。

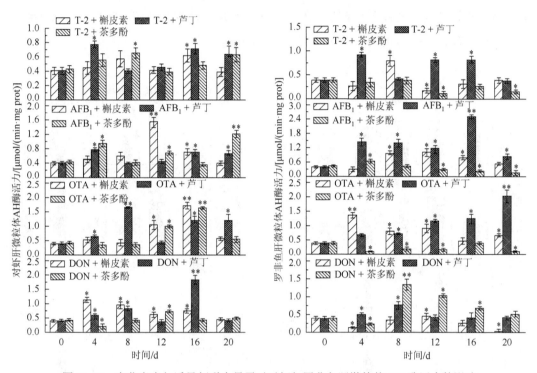

图 11-26　真菌毒素与诱导剂联合暴露对对虾与罗非鱼肝微粒体 AH 酶活力的影响

T-2 + 槲皮素组罗非鱼肝微粒体 AH 酶活力呈现波动性变化，T-2 + 芦丁组 AH 酶活力在 4 d、12 d 和 16 d 时均显著高于对照组（$p<0.05$），T-2 + 茶多酚组在 12 d、20 d 时显著低于对照组（$p<0.05$）。AFB_1 + 芦丁联合暴露后 AH 酶活力均显著高于对照组，AFB_1 + 茶多酚组 AH 酶活力呈现先升高后降低趋势。OTA + 芦丁组罗非鱼 AH 酶活力呈现剂量-效应性升高趋势，并在 20 d 时达到最大值。OTA + 茶多酚组呈显著抑制效应（$p<0.05$）。DON + 茶多酚组 AH 酶活力在 8 d 时达到最大值，随后逐渐降低，但仍高于对照组。DON + 芦丁组在 4 d、8 d 时呈现显著诱导效应，但无茶多酚组效果明显，DON + 槲皮素组分别在 4 d、20 d 时呈现显著抑制效应（$p<0.05$）。

（4）对 EROD 酶活力的影响

如图 11-27 所示，T-2 + 槲皮素组与 T-2 + 芦丁组对虾肝微粒体 EROD 酶活力呈现波动性变化,并均在 4 d 时达到酶活力最大诱导效应。T-2 + 茶多酚组 EROD 酶活力呈现显著升高($p<0.05$),并在 12 d 时达到最大值,随后下降至对照组水平。AFB_1 与槲皮素、芦丁和茶多酚三个诱导剂暴露组 EROD 酶活力均表现出先升高后降低趋势,且分别在 12 d、8 d、4 d 时达到最大诱导效应。OTA 与槲皮素、芦丁联合暴露后 EROD 酶活力均呈现波动性变化。OTA+茶多酚组在 4~16 d 未见显著变化($p>0.05$),在 20 d 时呈现显著升高趋势。DON 与诱导剂联合暴露后 DON + 槲皮素组与 DON + 芦丁组 EROD 酶活力在 4 d 呈现显著诱导趋势,随后逐渐下降,在 20 d 时均呈现显著抑制效应。DON + 茶多酚组在 20 d 时显著升高($p<0.05$),即 EROD 酶活力被诱导。

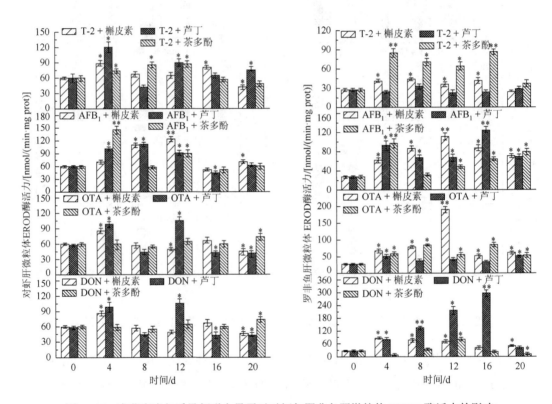

图 11-27 真菌毒素与诱导剂联合暴露对对虾与罗非鱼肝微粒体 EROD 酶活力的影响

T-2 与槲皮素和茶多酚联合暴露后罗非鱼肝微粒体 EROD 酶活力在 4~16 d 内显著升高,20 d 时降低至对照组水平。T-2 + 芦丁组未见显著变化($p>0.05$)。AFB_1 与诱导剂联合暴露后 EROD 酶活力整体呈现显著诱导效应,其中 AFB_1 + 槲皮素组 EROD 酶活力呈现先升高后降低趋势,AFB_1 + 芦丁组和 AFB_1 + 茶多酚组酶活力呈现无规律变化。OTA + 槲皮素组 EROD 酶活力逐渐升高,在 12 d 时呈现极显著诱导趋势($p<0.01$),随后逐渐降低,但仍高于对照组。OTA + 茶多酚组在 4~20 d 内均显著高于对照组。DON + 芦丁组

EROD 酶活力呈现显著升高趋势，在 16 d 时达到最大值，随后迅速降低，并呈现显著抑制作用。DON＋槲皮素组也出现显著诱导，并在 20 d 显著降低（$p<0.05$）。

11.3.8 对对虾及罗非鱼肝微粒体 Ⅱ 相代谢酶活力的影响

（1）对 GST 酶活力的影响

如图 11-28 所示，T-2＋槲皮素组对虾肝微粒体 GST 酶活力呈现波动性无规律变化，AFB_1＋槲皮素组 GST 酶活力在 4 d、8 d 时极显著升高（$p<0.01$）后逐渐降低至对照组水平，AFB_1＋芦丁组在 12 d 时达到最大值，并在 20 d 时显著低于对照组（$p<0.05$），AFB_1＋茶多酚组 GST 酶活力也呈现类似的变化规律。OTA＋芦丁组 GST 酶活力在 4 d 时极显著升高，随后降低，至 20 d 时显著低于对照组。OTA＋槲皮素组 GST 酶活力未见明显变化（$p>0.05$）。DON＋槲皮素组 GST 酶活力在 4 d 时达到最大值，随后逐渐降低，但仍高于对照组。DON＋芦丁组除在 8 d 外，GST 酶活力均未低于对照组水平。DON＋茶多酚组在 4 d 显著降低（$p<0.05$），20 d 呈现抑制效应。

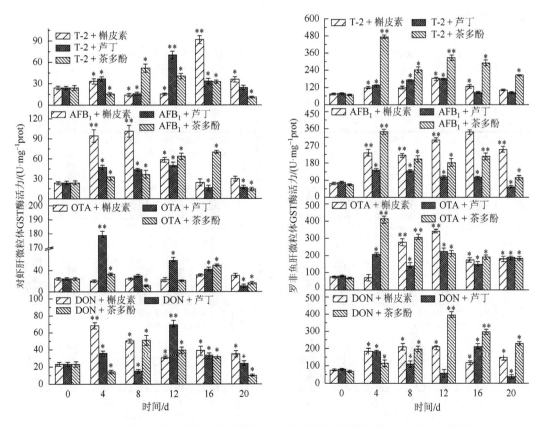

图 11-28　真菌毒素与诱导剂联合暴露对对虾与罗非鱼肝微粒体 GST 酶活力的影响

T-2 毒素与诱导剂联合暴露后罗非鱼肝微粒体 GST 酶活力均呈现先升高后降低趋势，其中 T-2＋茶多酚组 GST 酶活力诱导效应最为显著（$p<0.05$）。AFB_1＋槲皮素组 GST 酶活力总体均呈现极显著诱导趋势，AFB_1＋芦丁组诱导效应与 AFB_1＋槲皮素组相比较不显著（$p>0.05$）。AFB_1＋茶多酚组 GST 酶活力在 4 d 时达到最大值，随后逐渐降低，但仍显著高于对照组（$p<0.05$）。OTA 与诱导剂联合暴露后 GST 酶活力总体呈现诱导效应，其中 OTA＋茶多酚组 GST 酶活力升高较显著。DON＋茶多酚组 GST 酶活力呈现显著诱导效应（$p<0.05$）。

（2）对 UGT 酶活力的影响

如图 11-29 所示，T-2 毒素与诱导剂联合暴露后对虾肝微粒体 UGT 酶活力均呈现波动性变化，其中 T-2＋芦丁组酶活力均显著高于对照组（$p<0.05$）。AFB_1＋芦丁组 UGT 酶活力均显著高于对照组，AFB_1＋茶多酚组在 4 d 时呈现极显著升高趋势，随后略有降低，但始终高于对照组。OTA＋槲皮素组 UGT 酶活力在 12 d 时有显著降低趋势（$p<0.05$），随后升高并达到显著诱导。OTA＋芦丁组与 OTA＋茶多酚组均表现为显著诱导趋势。DON 与三个诱导剂联合暴露后 UGT 酶活力呈现波动性变化趋势，但在 20 d 时均显著高于对照组（$p<0.05$）。

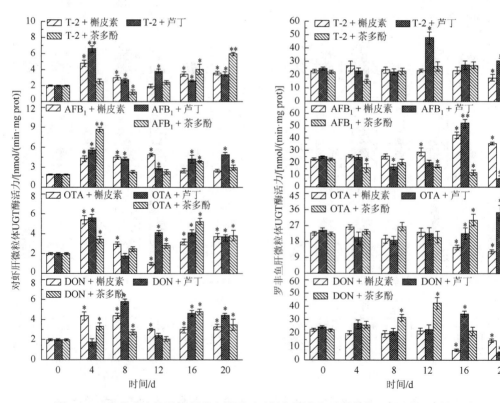

图 11-29 真菌毒素与诱导剂联合暴露对对虾与罗非鱼肝微粒体 UGT 酶活力的影响

T-2 与诱导剂联合暴露后罗非鱼肝微粒体中 UGT 酶活力未见明显连续显著变化，T-2 + 芦丁组 UGT 酶活力在 12 d、20 d 显著高于对照组（$p<0.05$），T-2 + 茶多酚组在 4 d、20 d 时 UGT 酶活力显著降低。AFB_1 + 槲皮素组 UGT 酶活力呈现先升高后降低趋势，但始终呈现酶活力诱导效应，AFB_1 + 芦丁组在 16 d 时达到最大值，随后迅速降低。OTA + 芦丁组与 OTA + 茶多酚组在 16 d、20 d 时显著高于对照组（$p<0.05$），OTA + 槲皮素组 UGT 酶活力在 16 d、20 d 时显著降低，其他未见显著变化。DON + 茶多酚组 UGT 酶活力在 4~12 d 内逐渐升高，在 12 d 时达到最大值后迅速降低。DON + 槲皮素组与 DON + 芦丁组在 12 d 内未见显著变化，在 20 d 时诱导剂组 UGT 酶活力均显著低于对照组（$p<0.05$）。

（3）对 SULT 酶活力的影响

如图 11-30 所示，T-2 与诱导剂联合暴露后对虾肝微粒体 SULT 酶活力均呈现显著升高趋势（$p<0.05$），三种诱导剂组均在 12 d 内达到最大值，随后逐渐降低，在 20 d 时均达到最低值，但仍显著高于对照组。AFB_1 + 茶多酚组在 4 d 时达到最大值，随后逐渐降低。OTA 与 DON 毒素在与诱导剂联合暴露中，芦丁组比槲皮素组与茶多酚组 SULT 酶活力升高显著（$p<0.05$），酶活力随时间变化均逐渐降低，并在 20 d 时达到最低值。

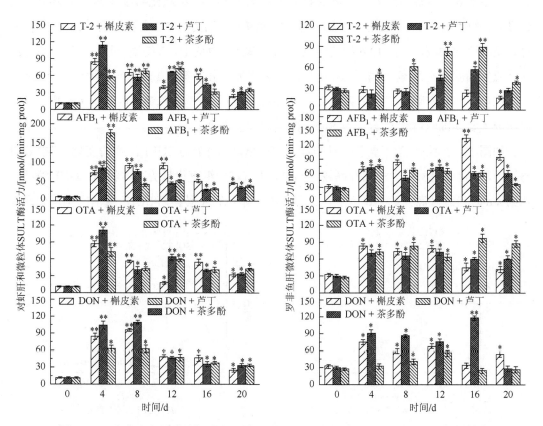

图 11-30 真菌毒素与诱导剂联合暴露对对虾与罗非鱼肝微粒体 SULT 酶活力的影响

T-2+茶多酚组中罗非鱼肝微粒体 SULT 酶活力呈现逐渐升高趋势,并在 16 d 时达到最大值,随后迅速下降,但仍高于对照组。T-2+芦丁组也呈现同样的诱导趋势。T-2+槲皮素组未见明显诱导效应($p>0.05$),但在 20 d 时显著低于对照组。AFB_1 与诱导剂联合暴露后 SULT 酶活力均呈现显著诱导效应,其中槲皮素组在 16 d 时达到极显著升高,随后降低。OTA 与诱导剂暴露后 SULT 酶活力均显示诱导效应,其中茶多酚组酶活力诱导效果较好。DON 与诱导剂联合暴露后 SULT 酶活力呈现先升高后降低趋势,在 20 d 时均显著降低($p<0.05$),其中茶多酚组酶活力诱导效果较好。

11.3.9 特定诱导剂诱导不同真菌毒素暴露后对虾肝微粒体细胞色素 b_5 和代谢酶活力变化趋势分析

根据不同诱导剂与真菌毒素暴露后真菌毒素在对虾肝胰腺和肌肉中残留变化、酶活力变化、病理组织学变化,筛选得出 T-2、AFB_1 分别与茶多酚联合暴露后对虾机体损伤较小,OTA 与芦丁联合暴露、DON 与槲皮素联合暴露损伤较小。由图 11-31 的 B-Spline 曲线可看出,茶多酚诱导后对虾肝微粒体细胞色素 b_5 含量与 T-2 组相比明显升高,在 20 d 时最为显著,约为对照组的 12 倍。茶多酚诱导后 SULT 酶活力与 T-2 单独暴露相比显著升高,总体呈现诱导效应,但在 12 d 后诱导效应相对降低。由图 11-32 得出,茶多酚诱导后对虾肝微粒体细胞色素 b_5 含量与 AFB_1 组相比显著增加,并在第 8 d 时达到最大值。SULT 酶活力在第 4 d 显著升高,随后逐渐降低,但总体呈现显著诱导趋势。由数据可得出,茶多酚诱导主要为细胞色素 b_5 含量及 SULT 酶活力发生改变。

如图 11-33 所示,芦丁显著诱导 OTA 暴露后对虾 GST 与 SULT 酶活力变化。其中 GST 酶活力与 OTA 组酶活力相比升高较不明显,与 OTA 组变化趋势基本相同,GST 酶活力在第 4 d 时显著升高并达到最大值,之后逐渐下降。OTA 暴露后 SULT 酶活力呈现先升高

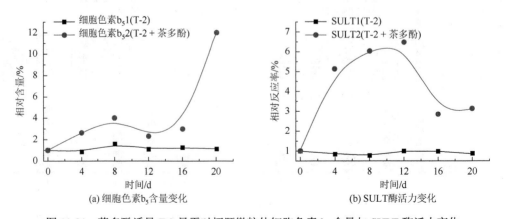

图 11-31 茶多酚诱导 T-2 暴露对虾肝微粒体细胞色素 b_5 含量与 SULT 酶活力变化

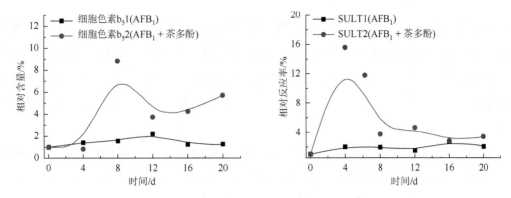

图 11-32　茶多酚诱导 AFB_1 暴露后对虾肝微粒体细胞色素 b_5 含量与 SULT 酶活力变化

后降低趋势,OTA+芦丁组 SULT 酶活力变化的 B-Spline 曲线明显在 OTA 组上方,呈现较显著诱导趋势。因此,可看出芦丁诱导 OTA 暴露后对虾 GST 与 SULT 酶活力效应显著,其中 SULT 酶活力诱导效应更为显著。

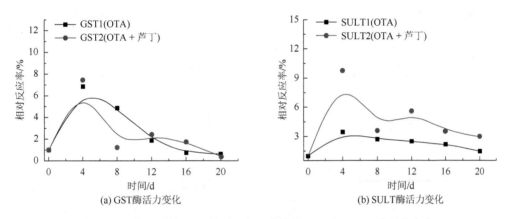

图 11-33　芦丁诱导 OTA 暴露对虾肝微粒体 GST 与 SULT 酶活力变化

如图 11-34 所示,槲皮素显著诱导 DON 暴露后对虾肝微粒体 AH 和 SULT 酶活力变

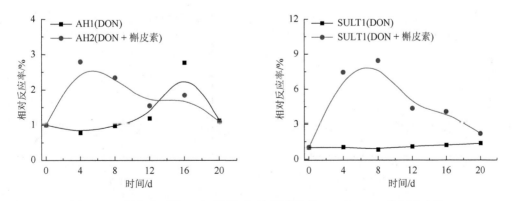

图 11-34　槲皮素诱导 DON 暴露后对虾肝微粒体 AH 与 SULT 酶活力变化

化，其中 SULT 酶活力诱导效果显著。DON 暴露后 AH 酶活力在 16 d 时达到最大值后下降，添加槲皮素后 AH 酶活力在 4 d 时达到最大值，随后逐渐降低。AH 酶活力总体呈现较显著诱导效应。SULT 酶活力在 DON 单独暴露后略有升高，但与 DON+槲皮素组相比较不明显。添加槲皮素后 SULT 酶活力先升高后下降，但总体呈现显著诱导趋势。

如图 11-35 所示，由 B-Spline 曲线可看出，茶多酚显著诱导 T-2 暴露后罗非鱼肝微粒体 GST、SULT 酶活力变化。T-2 单独暴露后 GST 酶活力呈现逐渐升高趋势，但升高幅度较低，添加茶多酚后 GST 酶活力在 4 d 时显著升高，随后逐渐下降，但诱导幅度始终大于 T-2 组。T-2 组 SULT 酶活力出现抑制效应，茶多酚添加后显著诱导，与 GST 酶活力变化趋势相同。如图 11-36 所示，茶多酚显著诱导 AFB_1 暴露后对虾肝微粒体 GST 与 SULT 酶活力变化，且被诱导后酶活力变化趋势相似，均呈现先升高后降低趋势。茶多酚也同样诱导 OTA 暴露后 GST 与 SULT 酶活力，且 SULT 酶活力呈波动性上升趋势（图 11-37）。

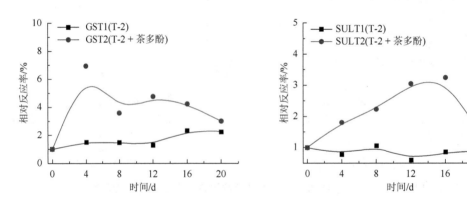

图 11-35　茶多酚诱导 T-2 暴露后对虾肝微粒体 GST 与 SULT 酶活力变化

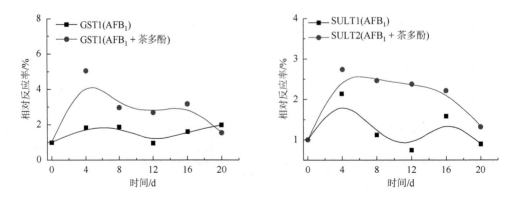

图 11-36　茶多酚诱导 AFB_1 暴露后对虾肝微粒体 GST 与 SULT 酶活力变化

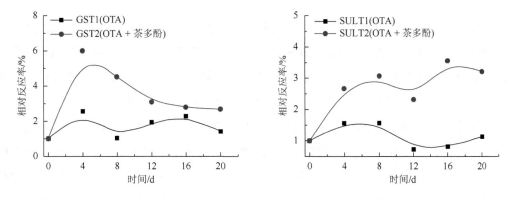

图 11-37 茶多酚诱导 OTA 暴露后对虾肝微粒体 GST 与 SULT 酶活力变化

11.4 营养强化控制技术

真菌毒素在动物体内消化过程中被原封不动地吸入体内，就会进入血液中，从而对动物造成危害。动物体内的肝脏具有解毒功能，可像对其他毒素那样对真菌毒素进行解毒。如肝脏可利用基于谷胱甘肽的生物氧化还原反应对黄曲霉毒素进行解毒。黄曲霉毒素的危害之一就是耗竭代谢水平的谷胱甘肽，从而危害动物的生长和其他性能。

营养性添加剂同样也可减轻真菌毒素的危害。在感染赭曲霉毒素的罗非鱼日粮中添加 V_C，可以使肝脏功能恢复正常，提高血红蛋白水平。强化日粮中 V_E 的同时可以减轻黄曲霉毒素对鲤鱼的影响。对肉鸡的研究表明，在受到黄曲霉毒素污染的饲料中将甲硫氨酸的含量增高到 140% 就可减轻黄曲霉毒素，降低生长率的危害。日粮中若缺乏维生素，则毒素会出现极强的毒性，反之会减弱或失活。添加烟酸和烟酰胺，可以加强谷胱甘肽转移酶活力。同 T-2 毒素解毒有关的酶——葡萄糖醛酸转移酶的活性也随烟酰胺的增加而加强。同时补充硒也可提高谷胱甘肽过氧化酶的活性，且具有保护肝细胞不受损害和保护肝脏的生物转化功能的作用，从而减轻黄曲霉毒素的有害影响。随着绿色环保饲料的提出，中草药以其无毒副作用的优点而被人们所青睐。据研究，黄曲霉毒素超标 10~20 倍的粮食，经山苍子芳香油熏蒸后，毒素基本消除，且对饲料营养成分、饲料适口性等无不良影响。桂皮中所含有的桂皮醛，大茴中所含的茴香醛，可与黄曲霉毒素发生取代反应，故添加大茴、桂皮粉能加速黄曲霉毒素的氧化而降低毒性。

11.5 微生物分解控制技术

嗜酸乳杆菌（*Lactobacillus acidophilus*）是生物肠道中的重要微生物，与生物的健康关系密切。当其达到一定数量时，能调节肠道微生物菌群平衡，达到机体的免疫力增强、肿瘤细胞形成抑制等功效。微生物定植肠道是通过自身鞭毛或者是蛋白结构体黏附在生物体肠道细胞壁上达到长期定植的效果。周浪花制得的罗非鱼嗜酸乳杆菌饵料在水中的回收率较好，活菌量能达到 $1×10^6$ CFU/g，但是存放时间不宜过久，保质期在 4 d 以内最好。嗜酸乳杆菌在罗非鱼肠道定植比例随着饲喂时间的延长逐渐增加，在第 28 d 时达到最高，随后处于稳定状态，稳定状态表明嗜酸乳杆菌调节生物肠道菌群达到一定水平后，会保持稳定去干预其他生理结构。槲皮素和芦丁会略微影响嗜酸乳杆菌在肠道中的定植量，这是因为槲皮素和芦丁进入肠道后，本身具有的抑菌特性在抑制肠道致病菌生长的同时，也抑制了嗜酸乳杆菌的生长。而茶多酚能够促进嗜酸乳杆菌生长，这可能的原因是茶多酚与嗜酸乳杆菌有互作或拮抗效应，二者共同存在不仅提高罗非鱼肠道益生菌的数量，也提高罗非鱼生长性能。

施琦等（2013）在自然环境中筛选和鉴定能够降解 T-2 毒素的菌株。取对虾养殖池水样、养殖池沉泥样品和对虾混合饲料中分离到的镰孢菌，于 GYM 产毒培养基中培养 14 d 后，引入自然条件下气载细菌，继续培养至 28 d，采用 LC-MS/MS 技术检测其中 T-2 毒素含量。然后结合稀释涂布、平板画线、革兰氏染色、镜检等技术从镰孢菌产毒培养液中毒素含量明显降低的菌悬液中筛选出 T-2 毒素降解菌，用 16S rRNA 分析方法对其进行系统发育分析及菌种鉴定，并验证两菌株的降毒能力和不同基质中二者的联合降毒能力。以从对虾养殖环境中分离到的 5 株镰孢菌作为试验菌种，在其产毒培养过程中分离到 2 株 T-2 毒素降解菌，16S rRNA 鉴定结果分别为弯曲假单胞菌和尼泊尔葡萄球菌（*Staphylococcus nepalensis*），对 T-2 毒素的降解率分别为 90.9%和 85.5%，但二者降毒能力并无显著差异（$p>0.05$）。其联合作用也有较好降毒效果，与两菌株单独作用无显著差异（$p>0.05$），不同基质对其联合降毒作用影响不大（$p>0.05$）。新的 T-2 毒素降解菌的发现为进一步探明 T-2 毒素降解基因和开发 T-2 毒素生物降解酶奠定了研究基础。

为了获得对产毒镰孢菌具有抑制效应的海洋细菌，叶日英等（2015）从对虾肠道中分离细菌，并将分离得到的优势细菌与产 T-2 毒素的禾谷镰孢菌（*Fusarium graminearum*）（FG1207）进行固体对峙培养，具有抑菌圈的细菌菌落即为产毒镰孢菌的抑制菌。然后选取对 FG1207 具有抑制作用的细菌与 FG1207 进行液体共同培养，用 LC-MS/MS 技术检测菌悬液中 T-2 毒素含量，最后对具有抑制 FG1207 的生长和降解 T-2 毒素效果的细菌进行 16S rRNA 序列鉴定和 VITEK2 细菌生化鉴定。实验结果分离得到 8 株优势细菌，其中一株对 FG1207 的生长具有明显的抑制作用；LC-MS/MS 检测发现该细菌与 FG1207 共同培养菌悬液中未检测到 T-2 毒素，说明该细菌不仅能够抑制产毒镰孢菌的生长,还能降解 T-2 毒素。经 16S rRNA 鉴定该细菌为海洋尼泊尔葡萄球菌(*Nepal Staphylo coccus Aureus*),相似度为 99.93%,VITEK2 细菌生化鉴定的相似度为 96.86%(叶日英等, 2015), 见图 11-38。

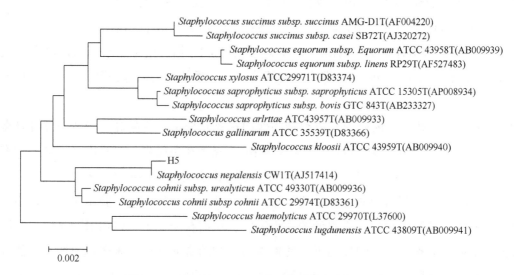

图 11-38　基于 16S rRNA 序列的系统发育树（H5）

吕鹏莉等（2015）分离筛选低温环境中 T-2 毒素的降解菌并探明其生化特性,探究 T-2 毒素降解微生物生化特性异同点,为 T-2 毒素降解微生物的检验提供生化判断参考。针对暴露于 –20℃低温环境中的低浓度 T-2 毒素标准品,采用 LC-MS/MS 定量分析 T-2 毒素残留量,利用营养琼脂培养基（NA）和马铃薯葡萄糖琼脂培养基（PDA）共分离出 5 株降解菌,16S rDNA 结合生化鉴定结果为死谷芽孢杆菌（*Bacillus vallismortis*）、蜡状芽孢杆菌（*Bacillus cereus*）、阴沟肠杆菌（*Enterobacter cloacae*）、弯曲假单胞菌（*Pseudomonas geniculata*）和尼泊尔葡萄球菌（*Staphylococcus nepalensis*）。这些分离株在 –20℃条件下对低浓度 T-2 毒素均有不同程度的降解能力,其中蜡状芽孢杆菌（*Bacillus cereus*）降解能力最强,降解率为 91%。它们的理化特性具有很多相似性,主要表现在 5 株降解菌均不能利用 D-塔格糖（dTAG）,对 ELLMAN 均表现出阴性；*Bacillus vallismortis* Bp12312-7, *Pseudomonas geniculata* Bp212-4, *Staphylococcus nepalensis* Bp1212-5 和 *Enterobacter cloacae* Bp123-7 都能分解 D-葡萄糖,而 *Bacillus cereus* Bp12312-8 不能。

周浪花等（2017）从健康新鲜对虾肠道中分离筛选和鉴定出能够降解 T-2 毒素的微生物,为日后进一步研究 T-2 毒素降解菌相关特性和分布规律提供理论依据和实验资料。方法为取新鲜健康对虾肠道,分离纯化出优势菌群,建立 LC-MS/MS 对 T-2 毒素检测方法,在 TSB 培养液中加入对虾肠道菌和一定量 T-2 毒素进行培养,用 LC-MS/MS 技术检测增菌前后 T-2 毒素含量变化,筛选出能够降解 T-2 毒素的菌株,并用微生物鉴定仪 VITEK2 和 16S rRNA 鉴定目标菌株。结果表明:用 LC-MS/MS 检测培养液中 T-2 毒素浓度,线性范围在 0.00~10.00 ng/ml,标准曲线的 R 值为 0.999 5,检出限为 0.01 ng/ml;在 1.00 ng/ml、2.00 ng/ml、5.00 ng/ml 加标下,回收率为 91.5%~108.4%,相对标准偏差为 0.0%~8.4%。共从 20 尾对虾肠道样本中分离出 5 个菌株。其中蜡状芽孢杆菌(*Bacillus cereu*)和阴沟肠杆菌(*Enterobacter cloacae*)具有明显降解 T-2 毒素的作用,降解率分别达到 91.8% 和 78.8%。

本书研究团队还从酸奶中分离得到的保加利亚乳杆菌、嗜酸乳杆菌和干酪乳杆菌对 AFB_1 及 T-2 毒素均有不同程度的降解作用。3 株菌在鱼露中对毒素的降解能力与在理想条件下(即 MRS 培养基中)基本一致,但在模拟腌制鱼肉中降解能力下降,结合 3 株菌在不同营养基质中的生长曲线推测,可能是由于菌种在模拟腌制鱼肉高盐度环境下生长受到抑制,导致结合毒素的能力下降,从而在宏观上表现出对两种毒素的降解能力下降。3 株菌在单独作用下的解毒能力与初始毒素浓度并未表现出明显的线性关系。对比 3 株菌对 AFB_1 及 T-2 毒素的降解率可以发现,3 株菌对 T-2 毒素的降解能力优于对 AFB_1 的降解能力,而 3 株菌之间的降解能力无差别。在 3 株菌的联合解毒作用中,可以明显地看出 3 株菌的联合对 T-2 毒素的降解能力优于 AFB_1。从 3 株菌联合对 T-2 毒素的降解作用中可以看出随着初始浓度的升高,3 株菌的降解能力呈下降趋势,但对 AFB_1 的降解能力并不受初始毒素浓度的影响。3 种菌的联合解毒作用与单独作用相比,并未表现出明显的差异性,因此可以推测 3 种菌之间并无相互作用,三者联合并不影响对毒素的降解效果。根据实验结果 3 株菌之间降解能力无差异,符合相关文献中乳酸菌降解毒素的相关机制,即乳酸菌的细胞壁与毒素的物理性相结合,以达到降解毒素的目的。

11.6 辐照降解技术

紫外线可有效破坏某些真菌毒素。在日光下晾晒 8 h,可有效分解饲料中的杂色曲霉毒素,但也很可能破坏饲料中的养分。现在利用最为广泛的霉菌脱毒方法是氨化法,用以破坏黄曲霉毒素。以真菌混合毒素(T-2 和 AFB_1)为原料,采用紫外线辐照的方法降解真菌混合毒素,以真菌混合毒素辐照后的毒素浓度和降解率为指标,研究辐照波长(254 nm、313 nm、340 nm、365 nm)、辐照时间(5 min、10 min、20 min、40 min、80 min)、辐照距离(5 cm、10 cm、15 cm、20 cm、25 cm)、混合与单一毒素浓度(0 ng/ml、

100 ng/ml、200 ng/ml、400 ng/ml、800 ng/ml、1600 ng/ml)、pH（5、6、7、8、9）和溶剂（纯水、甲醇水溶液、甲醇、乙腈、异丙醇）等不同条件对混合真菌毒素紫外线降解效果的影响及两种毒素相互之间降解程度的差异。在不同紫外线条件方面，T-2 毒素的降解率随波长、时间和距离变化不显著，降解率在$(4.687\pm0.663)\%$左右；而 AFB_1 的降解率随波长和时间的增大而不断增加，分别由$(34.519\pm0.754)\%$增加到$(86.755\pm0.193)\%$和由$(9.500\pm0.063)\%$增加到$(84.727\pm0.524)\%$，且随着距离的增大而不断降低，由$(75.690\pm0.738)\%$降低到$(33.723\pm0.410)\%$。在不同毒素浓度方面（混合毒素按浓度 1∶1 混合），在混合毒素溶液中，T-2 毒素的降解效果变化不明显，而 AFB_1 随浓度的增大，其降解率呈轻微上升趋势，由$(50.000\pm0.978)\%$缓慢上升到$(69.850\pm0.056)\%$。在溶剂方面，随着 pH 的增大，T-2 毒素的降解率基本保持不变，AFB_1 的紫外线降解率呈缓慢上升趋势；说明 T-2 毒素和 AFB_1 的紫外线降解效果与溶剂种类没有直接的联系，其对应降解率并不会随溶剂的不同而呈现规律性的变化。由灰色关联度分析得出，T-2 毒素没有与其紫外线降解率最为相关的因素，与 AFB_1 紫外线降解率最为相关的因素是时间，结果表明，毒素溶剂为甲醇水溶液，pH 为 7 的 200 ng/ml 的混合毒素工作液，紫外灯功率为 40 W，灯管距离液面为 5 cm，室温下辐照，辐照波长 365 nm，辐照 80 min，AFB_1 降解率为$(84.727\pm0.524)\%$。

11.7 其他控制技术

应用加热的方法，或者应用加热、加压技术，可以在潮湿的条件下破坏大多数真菌毒素。不同真菌毒素热敏感性不同，导致所需的加热时间长短和温度高低不同。某些真菌毒素如无水黄曲真毒素、单端孢霉菌毒素类的呕吐素、玉米赤霉烯酮、赭曲霉毒素 A、青霉素，对热都有高度稳定性。碘化钾可食海藻防霉剂的控制效应（骆俊迪等，2015）。

参 考 文 献

邓义佳, 2016. 调控肝微粒体酶对鱼/虾中常见真菌毒素危害的消减机制[D]. 湛江：广东海洋大学.
刘唤明, 王雅玲, 孙力军, 等, 2013. 纳豆菌脂肽对分离于对虾养殖环境中产 T-2 毒素镰孢菌抑制效应的研究[J]. 水产学报, 37（5）：784-789.
骆俊迪, 王雅玲, 徐德峰, 等, 2015. 碘化钾可食海藻复合防霉剂对产毒镰孢菌的控制效应[J]. 中国渔业质量与标准, 5（3）：54-62.
吕鹏莉, 陈海燕, 王雅玲, 等, 2015. 低温环境中 T-2 毒素降解菌的分离鉴定及特性研究[J]. 微生物学杂志，(2)：31-36.
施琦, 王雅玲, 孙力军, 等, 2013. 自然环境中 T-2 毒素降解菌的筛选与鉴定[J]. 微生物学通报, 40（6）：968-978.

孙颖峰，王雅玲，万莉玲，等，2011. 芽孢杆菌抗菌肽对对虾养殖环境中镰孢菌的抑菌效应[J]. 广东农业科学，38（18）：95-97.

叶日英，王雅玲，孙力军，等，2015. 对虾肠道中产毒镰孢菌抑制菌的筛选与鉴定[J]. 现代食品科技，（7）：117-122.

周浪花，王雅玲，张春辉，等，2017. 对虾肠道中 T-2 毒素降解菌的分离纯化与鉴定[J]. 微生物学杂志，（6）：50-56.